U0098993

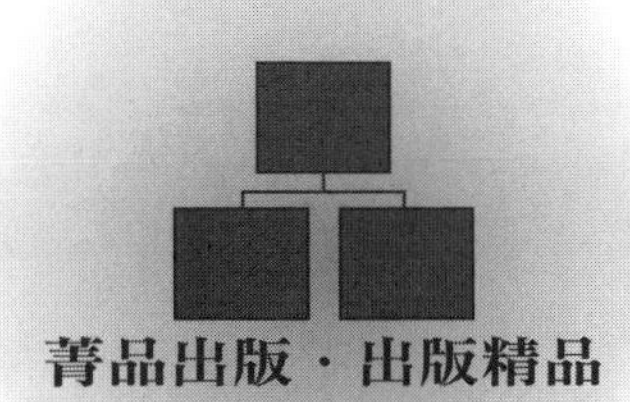
菁品出版・出版精品

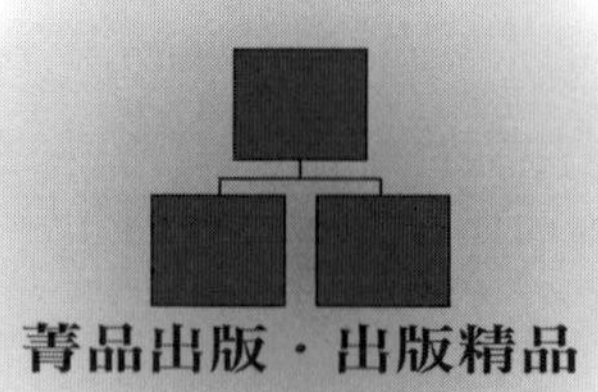
菁品出版・出版精品

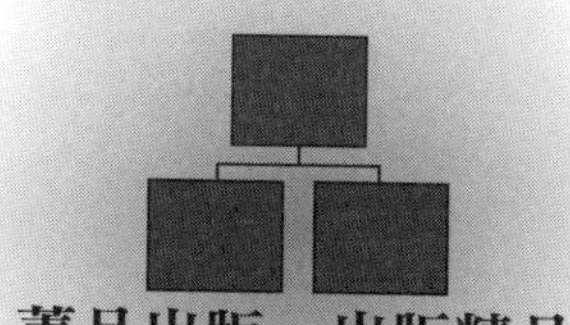
菁品出版・出版精品

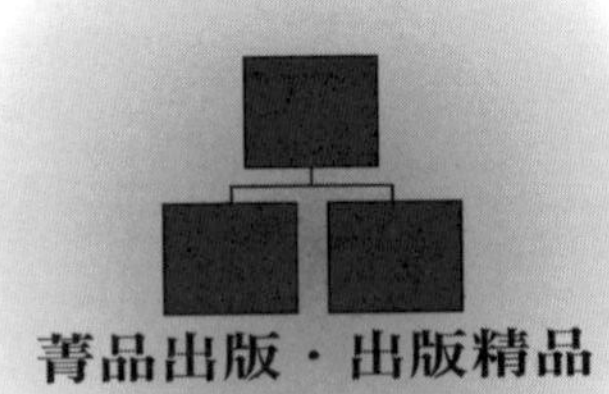
菁品出版・出版精品

暢銷修訂版

交涉的藝術

NEGOTIATION

哈佛商學院必修的談判課

破局，搶佔先機的藝術；
讓步，利益最大化的博弈。

豐富而經典的談判大師手記，
真實而有影響力的案例剖析。
本書以淺顯易懂的文字描述，

通過對哈佛商學院談判課的深入剖析，
將我們帶入一個極富創意的談判策略與技巧的世界。

Contents

01 Lesson

妥協也要有原則，掌握無往不勝的談判策略

突破自我，打破僵局，成功演講助你打動人心

懂得讓步，循序漸進，掌握高超的推銷技巧

Lesson

04

恰當把握談話分寸，學會溝通高手深諳的說話藝術

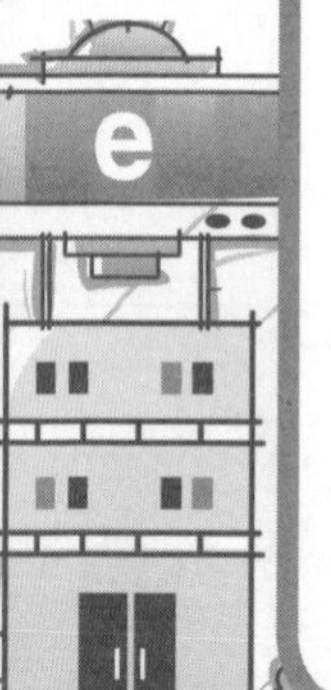

方式一轉變，局面大不同，用幽默語言拉近彼此的距離

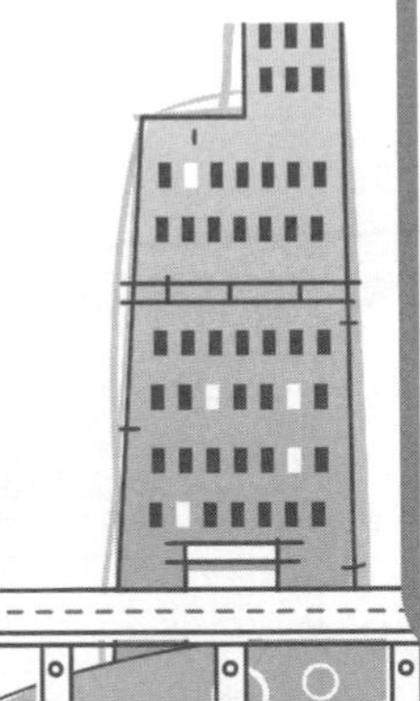

Lesson 06

吃得眼前虧，享得身後福，玩轉一擊即中的說服術

07 Lesson

收斂鋒芒，以柔克剛，巧用口才打造正面商場形象

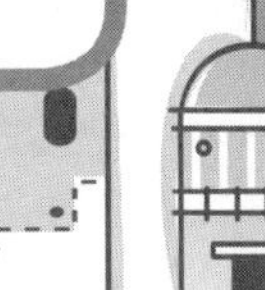

08 Lesson

要避免爭執，相互包容，尋求與異性溝通的秘訣

妥協也要有原則
掌握無往不勝的
談判策略

知己知彼，在一開始就佔據主動

牢記自己的談判目的。
正確估量自己。
在正確估量自己的前提下，估量別人的實力。

二十世紀八〇年代初，哈佛商學院教授、美國談判學會會長傑勒德・尼爾倫伯格，創立了全球規模最大的專業談判公司——「無敵談判中心」。該中心每年至少在世界各地舉辦一千場談判研習會，為來自各界的企業菁英講授談判策略和技巧，其客戶包括名列世界五百強一半以上的企業。

談判，廣義而言，就是要通過各種非武力的手段，來使對方接受自己所提出的條件，達到自己的目的。一個談判者如果忘記了自己所要達到的目的，是非常滑稽可笑的。然而，這種看來不可能有的現象的確存在著。

平庸的談判者在有著高超的談判技巧的人面前，往往顯得呆滯而可笑，他們往往為對方的煙霧所迷，被對方牽著鼻子走進早已設置好了的圈套，而且茫然不覺，完全忘記了自己在幹什麼，自己此行的目的是什麼。因此，我們在談判中要時刻牢記自己的目的是什麼，是完成談判任務的基本點之一。

一個談判者，如果是為個人而談判，就必須忠實於「個人」；如果是為一個集團而談判，就必須忠實於這個集團；如果是代表國家而談判，那麼更是要絕對忠實於國家的利益。要時刻把自己談判服務對象的根本利益放在心裡，要為保護和擴大這一利益而進行不懈的努力，這是談判者必須鐫刻在心中的基本原則。具體的操作過程可以靈活多變，但是這一基本原則不能改變，甚至不能有一刻的模糊。

為了牢記自己的談判目的，不妨事先做一個簡單的備忘錄，用十至二十個字簡單明瞭地記錄談判的目的。如果談判者無法簡單歸納談判的目的，那就說明談判者頭腦裡對談判的目的不明確，需要整理思緒，對最初的談判方向進行調整，力爭能用二十個字清楚表達自己的談判目的。

正確估量自己。掌握足夠的資訊是認識自己的前提，任何通過表面判斷的標準，都是不可靠的，在估量自己時必須選擇那些可靠的資訊，通過資訊分析估量自己的實力，很多談判者喜歡用容易獲得的資料、資訊來評估情況，其實是非常錯誤的。對自己的情況要深入地瞭解，才能做到心中有底，不會慌亂，才能在談判中佔據主動。

在正確估量自己的前提下，估量別人的實力。知己知彼，才能佔領主動地位。那麼，如何才能盡快瞭解別人呢？

一個人不可能完全把自己偽裝起來，他的真正面目往往在一些嗜好性的外在行為中表露出來。比如：手粗皮厚，多半是個體力勞動者；不修邊幅，拖拖遝遝，就可能生性懶散，沒有自制能力。當然，也可能是藝術家型的超脫不拘。如果一個男人經常在你面前就一些無關緊要的問題絮絮叨叨，沒完沒了，那麼他可能是一個缺乏主見、遇事猶豫不決的人。只要留心觀察，不難看出對方的內心情緒和性格類型。

第二次世界大戰期間，盟軍司令巴頓將軍與納粹德國陸軍元帥隆美爾相遇。大戰爆發前夕，巴頓找到一本隆美爾的軍事論著，著重看了其中有關裝甲部隊作戰方式的部分。果然如巴頓所料，隆美爾所用的正是書上所述及的戰術。巴頓根據事先精心設計的計畫，一舉破之，大獲全勝。

要瞭解一個人，方式有很多種，可以找他本人交談，也可以查閱他的有關言論著作，還可以找與他交往、接觸甚密的人，當然，這種接觸要越深越好。因為假如這個第三者與你要瞭解的人有很深的交往，那麼他對被瞭解人的性格特徵必定有深入的瞭解，這對於你的談判來說，具有很高的價值。

然而，也不排除這可能是一個圈套、一個陷阱。千萬別忘了，所謂「人心隔肚皮，人言只可信三分」，誰敢保證你聽到的資訊中沒有個人感情因素呢？因此，你必須考慮到以下幾種情況：

①資訊提供者是否是一個特別喜歡誇大其詞的人。

②資訊提供者是否對你要瞭解的人，即你的談判對手抱有敵對態度。

③資訊提供者所提供的資料，是不是談判對手故意洩露出來的，或者資料提供者與談判對手早就串通好了。

特別是第三種情況，在當今世界經濟領域大量存在。故意製造、傳播假情報以誘使對方上當的行為，已經成為一種被廣泛使用而又使人難以預防的「戰術」。這就要求我們在千變萬化、虛實難測的談判中，去偽存真，窺測到關鍵性內容。

在談判開始之前，對於談判對手的學術著作、演講稿、講話稿甚至隻言片語的言談記錄，都有仔細研討、分析、思考的必要，特別是演講稿（根據即興演講所作的記錄）、隻言片語的訪談記錄所傳達的資訊，由於未經推敲、整理、潤飾、修正，就顯得更為直接、真實，更有利用的價值。

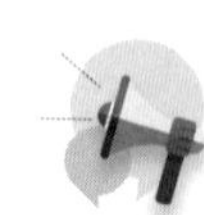

摸清對手來路，制訂相應的談判方案

在談判之前，應該制定可供選擇的方案。事先制訂方案，可以避免臨時決定的極端和片面。

美國石油大亨、哈佛大學管理學名譽教授大衛・托迪曾說：「你一生中，不計其數的談判對手等著你粉墨登場。『對症下藥』，這句中國人的老話千萬別忘了，否則，你的表演只能贏得倒彩，只能讓別人登臺了。」

談判是一場性格大戰。我們的談判對手可能千差萬別，無論經驗如何豐富，也很難做到萬無一失。因此，對於各種不同的談判對象，可以視其性格的不同而加以調整，採取不同的策略。一般而言，在談判中我們根據對手的性格特徵總結為以下類型：

強硬型對手。強硬型的談判對手往往表現為情緒激烈，容易激動，態度強硬，在談判中他們一貫趾高氣揚，不習慣也沒耐心聽對方的解釋，總是按著自己的思路走，自以為是。盡管他們片面的主觀認識愚蠢透頂，但是他們卻不以為然。

如果你遇到這樣的談判對手，最好做好心理準備，準備應付各種尷尬局面，並在耐心應對的基礎上，理直氣壯地提出你的要求，亮明你的觀點和原則。

強硬型對手在談判過程中，有的總是擺出咄咄逼人、不甘示弱的架勢；有的沉默不語，有的對於談判條件乾脆一口回絕，絕無迴旋的餘地。強硬派之所以如此「硬」，當然有一點原因不可否認，那就是他們擁有優勢。

在談判之中表現強硬的一方，很多時候是受了上司的指示故意這麼做的。所以遇到這種情況，你可以直接去找對方的上司申訴，要求他答應你的條件，解決你遇到的問題。當然，你去找對方的上司時最好不要滿臉怒氣，高聲吼叫，要明白你到這裡來的目的是求得和解。所以，你最好心平氣和，把事件發生的過程向對方仔細陳述，表明你受到的損害有多麼大，希望得到哪些補償……找對方的上司不失為一個好辦法，這樣既可避免上法庭，又可藉著上司的行政壓力而解決問題。所以，這也是取勝的保證。

坦率型對手。這種對手的性格，使得他們能直接向對方表示出真摯、熱烈的態度。他們十分自信地步入談判大廳，不斷地發表見解。他們總是興致勃勃地開始談判，樂於以這種態度取得經濟利益。在磋商階段，他們能迅速地把談判引向實質階段。他們十分讚賞那些精於討價還價、為取得經濟利益而施展手法的人。他們自己就很精於使用策略去謀得利益，當然希望別人也具有這種才能。

這種類型的談判對手，往往會把準備工作做得相當完美，他們直截了當地表明他們希望做成的交易、準確地確定交易的形式、詳細規定談判中的議題，然後準備一份涉及所有議題的報價表。陳述和報價都非常明確和堅定。刻板的人不太熱衷於採取讓步的方式，討價還價的餘地大大縮小。與之打交道的最好辦法，應該在其報價之前即進行摸底，闡明自己的立場，應盡量提出對方沒想到的細節。

攻擊性強的對手。遇到攻擊型的談判對手，最好避其鋒芒，擊其要害。攻擊型對手其實有別於強硬型對手的一種。強硬型的談判對手，有時僅僅採取防禦姿態堅持自己的原則立場，而攻擊型卻是有目的有針對性地向你進攻，迫使你屈服，不給你反抗的餘地。

攻擊型的對手往往能尋找到一些理由加以攻擊，並不是無中生有，因此，面對攻擊型的對手如何應付就成了個難題。攻擊型的對手表面上看並不都是那麼嚇人，擊敗他的關鍵之處是要找到其要害，也就是其理由不足之處。掌握了這一點，你也可以套用對付強硬派的手法來對付他，只要對方的氣焰一滅，你再採用有理有節的方法與之對壘，用讓他害怕的方式來威脅他，使他明白事情的輕重，不敢再鬧。

對付這類人，你要注意的一點就是：切莫驚慌，驚慌往往自亂陣腳；也不要過於憤怒，過於憤怒會沒有分寸，自亂陣腳而失去分寸，那必受害無疑。

搭檔型對手。搭檔型對手的表現是：當談判開始時，對方只派一些低層人員作為主談手。等到談判進入到快要達成協議時，真正的主談手突然插進來，表示剛才的己方人員無權做決定，或是剛才的價格過低，或者是時間不能保證。當你表示失望或覺得一切都完了的時候，對方會說：「如果你確實急需，我也可以賣給你，但至少在價格上要做些調整……」你此時往往無可奈何。因為談判進行到這個時候，你已完全攤開了底牌，對方已掌握了你談判的一切秘密，如果你想達成協議，除了做出讓步外別無他法。

因此，談判必須是在有準備的情況下進行。談判之初，你必須瞭解對手是否有權在協議書上簽字，如果他表示決定權在他的上司那裡，那你應堅決拒絕談判。但是，也有另外的辦法來應付這種情況。那就是，既然對手派的是下層人員與你談判，你也不妨讓下屬人員去談判或由別人代替你去談判，待草簽協定之後，你再直接與對方掌權之人談判，這樣，你將獲得較大的轉換空間，不至於到關鍵時刻出現被動，被別人牽著鼻子走。

猶豫型對手。猶豫型對手非常注重信譽，特別重視開端，往往會在交際上花很長時間，其間也穿插一些摸底。經過長時間、廣泛的、友好的會談，增進了彼此的敬意，也許會出現雙方共同接受的成交可能。與這種人做生意，首先要防止對方拖延時間和打斷談判，還必須把重點放在製造談判氣氛和摸底階段的工作上。一旦獲得了對方的信任，就可以大大縮短報價和磋商階段，盡快達成協議。

面對以上所舉五種談判對手，你可以採取以下策略加以應對：

堅持一切按規矩辦事的原則。當強硬型對手、攻擊型對手強迫你接受他們的條件時，你應拒絕受壓迫，而且堅持公平公正的待遇，堅決按規矩辦事。當對方採取過分的要求脅迫你時，可以請他解釋為什麼會產生這樣過分的要求。採取沉默態度。有時候沉默是最有力的武器之一，尤其是對付兩極派，更是如此。

適時改變話題。在對方提出過分要求時，最好假裝沒聽到或聽不懂他的要求，然後將話題轉移。

應多問問題。只有問問題才能避免對方進一步攻擊。盡量問「什麼」，而避免問「為什麼」。問「什麼」時，答案多半是事實；問「為什麼」時，答案多半是意見，就容易產生情緒，不利於談判的順利進行。

營造和諧氛圍，調節好談判的「溫度」

要善於創造良好的談判氣氛。
動作和手勢是影響談判氣氛的兩大重要因素。

談判大幕拉開後，談判雙方正式走向談判舞臺，開始彼此間的接觸、交流、摸底。當然這也僅僅是開始，它離達成正式協議還有相當長的距離。但在談判開始階段，你首先要做好一項非常重要的工作，那就是營造洽談的氣氛，調節好一個最恰當的談判「溫度」，它對談判成敗關係重大。

談判雙方的態度，能夠影響談判人員彼此的心理、情緒和感覺，從而引起相應的反應，這個反應的集合，就構成了談判的氣氛。積極友好的氣氛對談判有很大好處，它能使談判者輕鬆上陣，信心百倍，高興而來，滿意而歸。

美國談判學家卡洛斯認為，大凡談判都有其獨特的氣氛。善於創造談判氣氛的談判者，其談判謀略的運用便有了很好的基礎。我們有理由認為，合適的談判氣氛亦是談判謀略的一個重要組成部分，良好的談判氣氛有助於談判者發揮自己的能力。

美國著名的演講口才大師卡內基曾說：「對於任何談判者，理想的氣氛應是嚴肅、認真、緊張、活潑。」這是總結了歷來勝利而有意義的談判氣氛而得出的一個偉大結論。他建議每位談判者努力為你所進行的談判營造這一良好氣氛，這事關全域。

談判氣氛在多數情況下是人為營造的，而非自然形成。不同的談判氣氛對談判者來說都能感覺到，能運用談判氣氛影響談判過程的談判者，自是聰明之人，他們知道，談判氣氛對談判的成敗關係重大。

談判氣氛形成後，並不是一成不變的。本來輕鬆和諧的氣氛，可以因為雙方在實質性問題上的爭執而突然變得緊張，甚至劍拔弩張，一步跨入談判失敗的境地。這時，雙方面臨最急迫的問題不是繼續爭個「魚死網破」，而是應盡快緩和這種緊張的氣氛。此時「幽默」無疑是最有力的武器，最能發揮其優勢。

卡普爾任美國電報電話公司負責人時，在一次董事會上，眾位董事對他的領導方式提出質疑，會議氣氛非常緊張。

一位女董事發難道：「公司去年的福利，你支出了多少？」

「九百萬。」

「天啊，你瘋了，我真受不了！」

聽到如此尖刻的發難，卡普爾輕鬆地用了一句：「我看那樣倒好！」會場意外地爆發了一陣難得的笑聲，連那位女董事也忍俊不禁，緊張的氣氛隨之緩和下來了。

談判室是正式的工作場所，容易形成一種嚴肅緊張的氣氛。當雙方就某一問題發生爭執，各持己見，互不相讓，甚至話不投機、橫眉冷對時，這種環境更容易使人產生一種壓抑、沉悶的感覺。在這種情況下，可以建議暫時停止會談或雙方人員去遊覽、觀光、出席宴會、觀看文藝節目，也可以到遊藝室、俱樂部等處娛樂、休息。這樣，在輕鬆愉快的環境中，大家的心情自然也就放鬆了。更重要的是，通過玩遊戲、休息、私下接觸，雙方可以進一步增進瞭解，消除彼此間的隔閡，增進友誼，也可以不拘形式地就僵持的問題繼續交換意見，寓嚴肅的討論於輕鬆活潑、融洽愉快的氣氛之中。這時，彼此間心情愉快，人也變得慷慨大方。談判桌上爭論了幾個小時無法解決的問題，在這兒也許會迎刃而解了。

活躍氣氛的另一種絕好方法就是寒暄。寒暄可以拉近彼此的距離，但必須謹記：

寒暄要恰到好處。在進入談判正題之前，一般都有一個過渡階段，在這個階段，雙方一般要互致問候或談幾句與正題無關的話題。如來會談前各自的經歷、體育比賽、個人問題以及以往的共同經歷和取得的成功等，使雙方找到共同語言，為心理溝通做好準備。

肢體語言要得體。動作和手勢也是影響談判氣氛的重要因素，特別值得注意的是，由於各國民族文化、習俗的不同，對各種動作的反應也不盡相同。比如，初次見面時的握手就頗有講究，有的外賓認為這是一種友好的表示，給人以親近感；而有的外賓則會覺得對方是在故弄玄虛，有意諂媚，就會產生一種厭惡感。因此，談判者應事先瞭解對方的背景、性格特點，區別不同的情況，採用不同的肢體語言。

開局破題要引人入勝。如果說開局是談判氣氛形成的關鍵階段，那麼破題則是關鍵中的關鍵，就好比圍棋中的「天王山」，既是對方之要點也是我們之要點，因為雙方都要通過破題來表明自己的觀點、立場，也都要通過破題來瞭解對方。由於談判即將開始，難免會心情緊張，因此出現張口結舌、言不由衷或盲目迎合對方的現象，這對下面的正式談判會產生不良的影響。為了防止這種現象的發生，應該事先做好充分準備，做到有備而來。比如，可以把預計談判時間的百分之五作為「入題」階段，若談判準備進行一小時，就用三分鐘的時間沉思；如果談判要持續幾天，最好在談生意前的某個晚上，找機會請對方一起吃頓飯。

要講究表情語言。表情語言是無聲的資訊，是內心情感的表露，包括形象、表情、眼神等。談判人員是信心十足還是滿腹狐疑，是輕鬆愉快還是緊張呆滯，都可以通過表情流露出來，是誠實還是狡猾，是活潑還是凝重，也都可以通過眼神傳達出來。談判人員不但要注意對方的表情，還應時刻注意自己的表情，積極通過表情和眼神表示出自信、友好，以及和對方談判合作的願望。切忌不可喜形於色，做出非常誇張的表情，否則會影響談判的氣氛，不利於談判的順利展開。

談判的重點是利益而不是立場

談判的重點是利益不應該是立場。談判人員應該將利益即談判的目標作為討論的重點，而不要爭執立場問題。

談判高手在談判的過程中，都能展現出一種寬容大度、溫和禮貌的形象，以營造一種融洽友好的氣氛，即使他們和談判對手的利益與立場的對立已經十分嚴重。

事實上，他們的努力收到了應有的效果，禮貌的確能夠使交談雙方的心情變得更好，更加容易接受別人的意見和建議，也更加願意滿足別人的一些需求，這些談判高手的方法值得我們借鑑。

在談判的過程中，適當地運用禮貌用語，就會收到意想不到的效果。如果你和你的談判對手因為某個問題而產生了矛盾，無法達成一致的意見，不妨說：「不好意思，可能我搞錯了，讓我們再分析一下。」對方一定把自己因反對你而建立起來的心理屏障拿掉，跟你一起進行分析，這就是禮貌用語的威力。

讓眾多談判者感到為難的是，他們雖然想有禮貌，卻不願意喪失自己的原則。表面上看起來，這兩者似乎是矛盾的，但是實際情況卻並不如此。

對一個談判者來說，既要有禮貌，又要不喪失原則的方法是，充分地利用自己的語言技巧。正像一個說話高手一樣，禮貌只是表達自己看法的手段，而絕不是目的。有經驗的談判者，往往會藉助高超的技巧，委婉、含蓄、間接地發表自己的意見。如果說他們的意見有可能會傷害對方的話，他們不會把它表達出來，而會選擇另外一種讓對方可能接受的方式，絲毫不會影響到自己想要表達的意思。在這裡主要介紹三種在談判中經常用到的禮貌用語：

謙虛的語言。謙虛能夠促成談判的成功。在沒有聽清楚或弄明白對方的談話、有關專業詞彙時，有的談判者似乎害怕說出來會影響他的形象，因此避免說出來。其實，適當地表示自己有不明白的地方，能夠得到對方的好感，也更加容易得到對方的幫助。那些趾高氣揚，號稱自己無所不知、無所不能的人，卻容易引起對方的反感，因而也會勾起對方挑戰的慾望。因此，適當地說「我不太清楚」、「這個詞是什麼意思」這樣的話，對你談判是有作用的。

稱讚的語言。適時地對稱讚對方，有利於談判的成功。每個人都希望受到別人的尊重和欣賞，喜歡被人稱讚，這是人的天性使然。當對方說了一句精彩的話，或者做出了某個決定的時候，適時地稱讚對方做得出色，這樣能夠為你贏得好感，從而使談判變得對你更加有利。

感謝的語言。當對方稱讚你，或者同意你的某個意見時，對他表示感謝。這個詞是被運用得最廣泛的一個詞，在談判桌上它仍然有效。任何人都希望自己被人重視，希望自己能夠為別人有所幫助，因為這能夠體現他的價值。

談判中，應該注意避免犯那些不該犯的錯誤，即避免談判時的一些禁忌。這些禁忌使氣氛變得不和諧，甚至雙方對立。

忌咄咄逼人。許多談判者喜歡在各方面壓倒對方。一旦對方提出某一個觀點或建議，他們馬上就劈頭蓋臉地進行反擊，似乎想封住對方的嘴巴。當然，他們的原意並不是如此，而只是急於表達自己的看法，讓對方接受自己的建議，但這樣的做法卻是愚蠢的。

忌弄虛作假。掩蓋缺點，誇大優點，不顧事實地胡編亂造。一旦被對方發現，就會失去對方的信任。談判並不是一場你死我活的爭鬥，談判的最終目的是雙贏。

忌資訊不確定。有一些談判者由於接受的東西過多，資訊傳播的途徑問題，他們得到的消息往往是不確定的，甚至是自相矛盾的。他們用這樣不確定的資訊作為自己的觀點的論據。殊不知，當他的論據遭到懷疑的時候，他的觀點也必然遭到質疑，從而失去說服力。

忌以自我為中心。談判最忌諱以自我為中心，完全不考慮其他人的感受和需要。這些談判者在整個談判過程中，一直在說「我想……」、「我認為……」、「我需要……」等一些句子。他們希望對方滿足自己的需要是沒有錯的，但卻忽視了對方的想法和需要。要知道，這可是一場要滿足雙方需要的談判，而不是某一方的。

忌目中無人。許多談判者認為自己在身分、地位或實力方面高人一等，在談判中往往盛氣淩人，他們認為對方是在請求自己給予好處。最後，談判無法達成一致，對方可能的確受到了一些損失，但往往是自己受到的損失更大。

忌卑躬屈膝。與上一種禁忌相反的是，有些談判者在談判中企圖以一種請求的態度達到自己的目的，他們扮演了可憐者的角色，希望得到對方的同情。遺憾的是對方並不如他們所願，最後他們通常會發現，自己本來應該有的卻沒有得到，更不用提那些更多的奢望。他們把自己的位置擺得很低，對方就會把他們看得更低。

出眾的口才可助談判者扭轉乾坤

坦誠地表達你的觀點，

這是讓對方坦誠的前提條件。

用一些談判語言陳述技巧，

使談判朝更加有利的方向發展。

談判學會前副主席、哈佛大學名譽教授尼爾倫・伯格曾鼓勵大家說，要指揮好你的語言，要善於激勵你的語言，讓你的語言勇敢地為你賣命。他指出了語言在談判中的決定性作用，而語言中的陳述技巧是談判中的重要技巧之一，陳述技巧對談判者來說至關重要。它是談判者向對方介紹自己的情況、闡明自己對某一個觀點和看法的基本途徑，是談判雙方藉以瞭解對方的想法、方案和需要的重要手段。

談判中的陳述技巧跟一般的陳述有很多相似之處，又有比較特殊的地方。它的特殊性在於，談判要求能夠快速而準確地說明問題，因為談判的針對性更強，它要求談判雙方能夠直接解決某一個問題。眾所周知，談判可能是人們更加迫切解決問題時採取的方法。正因為這個原因，陳述技巧對談判者而言具有更高的要求。它要求談判者不僅能夠清晰明確、言簡意賅地把自己的想法表達出來，而且要能夠吸引對方興趣，滿足對方的需求，並且具有相當的說服力。

我們很難想像一個沒有掌握好陳述技巧的談判者能夠在談判中取得成功。一般而言，他們有兩個結局：一個是談判達成了對他不利的協議，另一個是無法談判成功。原因就在於，他甚至不能夠清晰地把自己的想法表達出來，更不用說說服對方滿足自己的需求了。

談判中要掌握的陳述語言要點：

坦誠。許多談判者在談判的過程中閃爍其詞，似乎在隱瞞自己的想法和動機，這樣勢必給對方一種不真誠的印象，從而影響談話氣氛的和諧。在談判中，談判者應該把自己的想法和需求明白地表達出來，只有這樣，對方才能知道你的想法，或者滿足你的需求。另外，把對方想瞭解的情況告訴對方，這樣才能得到對方的信任，從而瞭解對方的想法，最終達成一致的意見。當然，你只是需要在一定程度上坦誠相對，在某些時候，坦誠可能會被對方利用。

簡潔明瞭。你應該盡量使自己的話簡潔明瞭。談判明確的目的性和急促性不允許你發表長篇大論，你們需要的是馬上找到一個明確的解決方案。不用使用過多的論據和技巧，這樣會讓對方無法抓住你的重點，並且認為你說了太多的廢話。事實證明，大多數談判者都對那些誇張的、有著許多虛華的文采的字句很反感，並且會在談判的過程中顯現出不耐煩。直奔你要表達的觀點，進行必要的解釋和說明，這樣就已經足夠了。

語調和語速。很多談判者急於表達自己的觀點，說服對方同意自己的觀點，以快速地達成協議，總是非常急促地說話。這樣做的後果是對方並不明白他說了些什麼，並且對此頗不耐煩。另外，有一些談判者總是打算用氣勢壓倒對方，希望用這種方法贏得談判的成功，似乎希望對方連話都不要講。這樣做的後果是對方乾脆保持沉默，但也絕不想同意他的觀點。他們這麼做的結果往往使談判破裂，無果而終。因此，不要試圖用咄咄逼人的氣勢去壓倒對方。最好使用平和的語調。也不要使用過快或者過慢的語速，只要讓對方能夠聽得清楚就行。

專業術語。在談判中，為了使你看起來更加有實力，可以使用一些專業術語。但是有一些談判者對專業術語的處理使人失望。他們拋出一個專業術語之後，往往不加任何解釋，就直接運用在下面的談話中。他們想當然地認為，對方應該清楚自己所說的專業名詞。實際上，即使在商業談判中，那些談判者未必就一定是專業人員，他們更多的是業務人員，更不用說另外的談判了。只有對那些專業術語進行恰當的處理，比如詢問對方是否懂得自己所說的意思，或者乾脆進行一些簡單的說明，這樣的效果顯然會好很多。

談判中的語言陳述技巧：

緩衝語言的運用。在談判的過程中，談判雙方的觀點難免產生衝突，雙方的需求自然也會有矛盾。為了使自己的想法和觀點更加容易被對方接受，或者改變對方的某一些看法，需要使用一些緩衝這種對立的語言技巧。比如，「你的觀點有一定的道理，但是我有另外一些想法，不知道對不對……」這樣既沒有直接指出對方觀點的錯誤之處，也沒有拔高自己的觀點，而是以一種商量的口氣表達自己的看法。對方的觀點得到了一定程度上的肯定，因而不會對你產生反感，也不會對你的觀點產生抗拒，也更加容易接受你的觀點，或者至少能夠平心靜氣地跟你一起討論。

解圍語言的運用。有一種情況是所有談判者都不願意看到的，那就是談判似乎馬上就要破裂了。談判雙方出現了難以調和的矛盾和衝突，氣氛也變得緊張起來，雙方好像是站在了相互對立的一面，雙方都陷入了尷尬的境地。這時候，需要運用解圍語言來處理。比如，「我覺得我們這樣做，可能對誰都不利。」這樣指出談判正朝著危險的境地發展，對方也一定不願意看到這樣的情況出現，而你也表達了你願意談判成功的誠意，因此一般會使氣氛變得好起來，雙方也更加可能達成協議。

彈性語言的運用。談判中，我們需要針對不同的人說不同的話。這並不是說改變自己說話的內容，而是改變了說話的技巧而已。在談判中也應當如此。如果對方談吐優雅，文明禮貌，談判者也應該盡可能使自己變得文雅，有修養。如果對方樸實無華，語言直接，那麼談判者也不應該使用那些高雅的詞彙。這種做法能夠快速而有效地縮短談判雙方之間的距離，更加便於溝通思想，交流感情。

肯定語言的運用。即使對方說了一些愚蠢的話，也不要直接指出來。你應該盡量發現對方正確的地方，予以肯定。因為你無法使一個受到指責的人同意你的觀點，除非你肯定他。更加重要的是，千萬不要在談判結束的時候說一些否定性的話，這樣會使談判以一種不愉快的方式結束，也會對以後你們的交流產生很大的影響。應該告訴對方，這次談判讓你受益匪淺。

雙贏是談判雙方最好的結果

積極地傾聽對方的意見。
挑明對方將得到的利益。

談判策略對談判的成功與否，的確具有很重要的作用。哈佛談判術的基本點之一：堅持區別原則——區別人與事，對事實強硬，對人要溫和；參與談判的人將對方視為並肩合作的同事，只爭論事實問題，而不攻擊對方，這將有助於談判的進展。在談判過程中，應該運用以下的談判策略：

就事論事。需要跟你談判的人，絕不會是你的敵人，如果是的話，你們已經沒有談判的必要了。把對方和你們所談論的問題分開，否則你將沒有辦法理智、客觀地看待這件事情。不管實際如何，想像你的對手是一個很理智、有禮貌和講道理的人，你們正在為大家共同的利益達成一致的意見，而不是在相互爭奪利益。你們正在商量，而不是爭論。把你的注意力放到事情上，而不是你的個人感覺和情緒上。不要想當然地認為事情如何，應該看到實際情況。實際上，這是一種十分常見的錯誤，那些主觀性的東西，往往會影響甚至決定一個人對某件事情的態度。

你們正在處理分歧，因此你需要保持開放的頭腦，不被成見和思維定勢所束縛。就這件事情本身用正確的方法去思考，而不要認為你以前怎麼樣判斷或解決這個問題的。每一件事情都有它的特殊性，因此，你最好實事求是地從討論的事情本身去思考解決的辦法。

告訴對方自己很瞭解他。在談判的過程中，許多人擔心自己的觀點沒有很好地被對方所瞭解。如果你能夠讓對方知道，你對他的觀點十分瞭解，甚至告訴對方你知道他觀點背後的一些想法，那麼效果一定會很好。要做到這一點，首先需要從對方的立場去考慮問題。移情是很常用的一種思考方法，它可以幫助你瞭解對方。試著把自己想像成對方，想像他處在這樣的環境之中，會有什麼想法和感覺，想要得到什麼，以及會用什麼辦法來得到這些東西。但是，千萬不要以自己的心理來揣度別人。

積極地傾聽對方的意見。這一點至關重要，他的語言代表了他部分重要的思維，而它所表達的資訊是你瞭解他思維的重要管道。即使他沒有把自己的真實想法表達出來，你還是可以從語言中找到一些蛛絲馬跡。傾聽對方的意見當然是瞭解對方最直接的手段。

最後，你需要用真誠的態度表示自己很瞭解他，並且很理解他。如果有必要的話，可以適當地復述一下他的某些觀點或陳述他的需求。

坦白自己的需求。在談判的過程中，坦白自己的想法是一個不錯的爭取別人信任和同意的好辦法。任何人都希望別人能夠把一些心裡話表達出來，坦率地分享他的想法、感受和需要，任何人都喜歡跟真誠、坦率的人打交道。

挑明對方將得到的利益。直接挑出你們的共同利益和對方的利益，這一點勝過千言萬語。衝突和矛盾當然意味著一些立場的對立，但是更多是共同利益，而這正是人們進行談判的原因。你需要瞭解哪些是對方真正感興趣和覺得很重要的事，在你瞭解了對方的需求之後，最好強調能夠滿足他的需求。

運用迂迴策略。如果你在談判的時候遇到了很大的困難，不要灰心喪氣。英國人哈利說：「在戰略上，迂迴的包抄，常常是達到目的的最短途徑。」這句話正好說明了迂迴的重要性。有時候，直接的方法可能會使你失去目標，而間接的方法卻能夠達到你的目的。的確，如果你直接去達到你的目的，有時候會十分困難。當大路走不通的時候，你可以嘗試走走小路，也是一種不錯的選擇。

列出有利於雙方的利益。列出利益意味著談判進行到了最後，打算進行決策了。對一次談判而言，這是最關鍵的時候。這時候，你對談判的方向已經非常瞭解，並且已經通過深思熟慮得出了一些解決的辦法，這應該是符合雙方利益的。如果僅僅是從你的立場出發闡明觀點，那就不會給你帶來任何好處。

談判制勝的秘訣：巧用策略，打破僵局

保持冷靜。冷靜是你正確地思考，積極尋找解決方案的重要前提。從談判人、談判策略和談判內容上入手，考慮你們談判中出現的問題，進而調整策略。

談判中難免要經歷談判雙方都不願意看到的局面：談判出現冷場，雙方沉默不語，冷眼相向；或者雙方開始為某個問題發生爭執，面紅耳赤地進行辯論和爭執。這種場面是不可避免的，它使雙方陷入了尷尬。最後的結局是，雙方在沉默中退場。這就是談判中的僵局。僵局在某種程度上象徵著談判的破裂，是對談判的致命打擊。

談判中為什麼會產生僵局？那是因為雙方都不肯在某個方面讓步，從而無法達成一致的協定。這是一般的情況。有一些談判高手則喜歡利用僵局來促成談判的成功，因為人們一般都不喜歡僵局。他們可能在許多次要問題上讓步，而當談到主要問題、原則性問題的時候，他們可能對對方說：「我們已經做了最大的讓步，已經充分地表達了我們談判的誠意，現在，我希望你們能夠做出一點兒讓步，否則的話，我們也只能對這樣的結局表示遺憾。」如果是這種情況，談判的僵局更加難以扭轉。

為了談判的成功，大多數談判者還是希望能夠盡快打破僵局。那麼，如何打破僵局？可以用以下的方法進行。

調整情緒法。很多談判者因為堅持自己的意見，執意改變別人的看法，因而變得非常激動。人們在激動的時候，往往不會被理智所控制。也許在談判之前他已經想好了該怎麼處理僵局，但是當僵局出現的時候，他們卻忘記了之前的想法。另外，一些談判者似乎已經做好了最壞的心理準備：既然對方對自己的要求毫不讓步，恐怕自己的目的已經達不到了，已經沒有希望獲得談判的成功了。這使得他們拋棄了原來的禮貌和謙遜，口氣開始咄咄逼人，甚至開始指責對方。無論如何，都應該盡最大的努力促成談判的成功。你應該做的是，慢慢平息你自己激動的情緒，對談判的成功恢復信心，然後採取積極的對策。消極迴避對誰都沒有好處，應該積極地尋找解決方案。

轉換話題法。當對方不論你怎麼解釋都無法同意你的要求時，不妨轉換一個話題。轉換話題並不是再也不提你們產生爭執的話題，而是暫且擱置，等適當的時候再進行討論。轉換話題的作用非常明顯，它可以緩解緊張的氣氛，只有這樣才能使雙方平心靜氣地展開討論，不再產生爭執，這樣才有利於談判的成功。你最重要的事情是緩解談判的緊張氣氛。

如何轉換話題是一件非常關鍵的事情。轉換話題不是消極迴避，而是在積極地爭取機會。在適當的時候，話題還是必須回到你們產生爭執的地方上來。因此，在你們談論別的話題時，同時要對你們的僵局進行反思，尋找問題所在，然後採取有針對性的解決方法。轉換的話題必須跟你的主題有關，只有這樣才能保證你隨時能夠把話題轉回來。不要談那些不著邊際的話題，那樣會讓對方認為你在故意拖延時間，你也無法成功地轉回到原話題。

換個主談人法。由於談判者可能會因為情緒問題而影響到自己的個人判斷，而且在很多問題上已經形成了成見——可能正是這些成見，使得談判陷入了僵局。對對方而言，現在的談判者以及他的各種做法和想法，可能正是刺激他的主要原因。

因此如果可能的話，更換主談人是一個合適的選擇。選擇那些對本次談判比較熟悉的、具有較高能力的談判者參與談判，當然不能選擇那些對本次談判完全不瞭解、沒有多少談判技巧的人來繼續談判。

擴大雙方利益。如果可能的話，可以適當地擴大雙方利益。在某個問題上即使是原則性讓步，讓對方也能在某些重要問題上做出讓步。這樣，雙方都能夠得到更多的益處，不過這自然是在做出一定犧牲的基礎上的。

必須注意的是，務必使自己得到的益處能夠保證比做出的讓步更加多，這樣才有讓步的必要，否則你將失去得更多。你的目的並不只是要達成協議，而應該是達成對你有益的協定。另外，不要過分要求對方做出太多讓步，這樣不但達不到目的，而且會在另外的問題上造成僵局。

調整策略法。僵局出現的一部分原因是由談判策略的不當造成的。有經驗的談判高手甚至說：「沒有不合適的目標，只有不合適的策略。」他們的意思是，只要你的策略合適，那麼無論你的目標有多高都可以達成。這樣說雖然有些誇張，但的確說出了策略的重要性。

心理置換法。心理置換要求用一種換位思考的方法來處理談判問題。在很多問題上，由於個人的經驗、學識、立場和價值觀不同，因而對同一個問題的看法會存在很大差異，甚至會有相互對立的意見。如果你能夠從對方角度來看一些問題，可能會變得更加容易接受。當然，你也可以要求對方從你的角度和立場來考慮問題，前提是告訴對方，你已經從對方角度來看待過這個問題了。然後，採取一種合適的、折衷的方案，來解決使你們陷入僵局的問題。

採用「最後期限陷阱」，出奇制勝

出其不意，發出最後通牒提出時間限制。

在談判中，期限能使猶豫不決的對手盡快做出決定。

為了某種協定的需要，還採用一種虛假的、人為的限定期限，又稱為「最後期限陷阱」。

談判專家科恩曾說：時間是除資訊和權力之外影響談判結果的主要因素之一。在談判過程中，對於某些雙方一時難以達成協議的問題，不要操之過急地強求解決，要善於運用限定期限的談判策略，規定出談判的截止日期。在限定期限不可避免地來臨之時，迫於限期的無形壓力，對手就會放棄最後的努力，甚至迫不得已地改變原先的主張。這種策略又被稱為「死線」。

在美國某鄉鎮有一個由十二個農夫組成的陪審團。在一次案件的審理過程中，陪審團中十一個人認定某被告有罪，只有一個人表示了不同的看法，認為該被告無罪。由於陪審團的判決只有在其全體成員一致通過的情況下才能成立，於是陪審團中認定被告有罪的這十一個人，花了將近一天的時間勸說表示不同看法的那個人。此時，忽然天空中烏雲密布，眼看一場大雨就要來臨。那十一個農夫急著要在大雨之前趕回去，收回曬在外面的乾草。可是，持不同意見的這位農夫仍然不為所動，堅持己見。那十一個農夫急得像熱鍋上的螞蟻，他們的立場開始動搖了。隨著「轟隆」一聲雷鳴，那十一個農夫再也等不下去了，轉而一致投票贊成持不同意見農夫的意見：宣判被告無罪。

在談判中，有些談判者支出架子準備進行艱難的拉鋸戰，而且他們也完全拋開了談判的截止期。此時，你的最佳防守兼進攻策略就是出其不意，發出最後通牒提出時間限制。這一策略的主要內容是，在談判桌上給對方一個突然襲擊，改變態度，使對手在毫無準備且無法預料的形勢下不知所措。對方本來認為時間挺寬裕，但突然聽到一個要終止談判的最後期限，而這個談判成功與否又與自己關係重大，不可能不感到手足無措。由於他們很可能在資料、條件、精力、思想、時間上都沒有充分準備，在經濟利益和時間限制的雙重驅動下，會不得不屈服，在協議上簽字。

美國底特律汽車製造公司與德國談判汽車生意時，就是運用了限定期限而達到了談判目標。當時，由於雙方意見不一致，談判近一個多月沒有結果，同時，別國的訂單又源源不斷。這時，美國底特律汽車製造公司總經理下了最後通牒，他說：「如果你還遲遲不下定決心的話，五天之後就沒有這批貨了。」眼看所需之物被搶購殆盡，德方不由得焦急起來，立刻就接受了談判條件，於是，一場持久的談判才告結束。美國這家公司使用的就是限定期限，迫使對方最後做出了讓步。可見，在某些關鍵時刻，這種方法還是大有裨益的。

在商務談判中，有時為了某種協定的需要。還採用一種虛假的、人為的限定期限，又稱為「最後期限陷阱」。一位客戶要求美國一家保險公司償付一筆賠償費。保險公司開始答應得很痛快，並且其清算賠償人還特意告訴客戶，他下個星期一就要去渡假了，所以建議客戶最好在本週五把所有的資料都帶到保險公司去，他們稍作檢查後，就馬上開支票給他，以了結此案。這位客戶信以為真，於是加班地工作，終於在星期五下午把一切資料都準備妥當。到了保險公司，當清算賠償人檢查完資料之後，很抱歉地對客戶說還必須向上級請示一下，等他請示回來以後，卻遺憾地對客戶說，公司只能賠償所要求的數額的一半。這位客戶頓時感到不知所措，因為他面臨一個十分不利的談判形勢：要嘛他馬上跟保險公司談判，匆匆做出決定；要嘛他必須等待清算賠償人渡假回來再作打算。其實，那位清算賠償人根本就沒安排渡假，這只不過是一個限定期限陷阱，用以冷卻客戶的賠償要求。保險公司藉助於一個虛假的建議和一個虛假的最後期限，贏得了這場談判的勝利。

當然，要想成功運用這一策略來迫使對方讓步，須具備如下條件：

①最後通牒應令對方無法拒絕。發出最後通牒，必須是在對方進退兩難的情況下。對方想抽身，但為時已晚，因為此時他已為談判投入了許多金錢、時間和精力。最後通牒不能在談判剛開始對方有路可走的時候發出。

②最後通牒應令對方無還手之力。如果對方能進行有力的反擊，就無所謂最後通牒。你必須有理由確信對方會照自己所預期的那樣做。

③發出最後通牒言辭要委婉。必須盡可能委婉地發出最後通牒。最後通牒本身就具有很強的攻擊性，如果談判者再言辭激烈，極度傷害了對方的感情，對方很可能由於一時衝動鋌而走險，一下子退出談判，這對雙方均不利。

但是當對手運用這一招時，我們該如何處理呢？

首先，要知道最後通牒的真偽。也許對方的最後通牒只是一個唬人的東西，那麼，你就要針鋒相對，做出絕不退讓並退出談判的表示。但同時，又要給對方臺階可下，告知對方，如果他們對談判有新的設想的話，可繼續談判。其次，如果對方的最後通牒是嚴肅的，那麼就應該認真權衡一下，看看做出讓步達成交易與拒絕讓步、失去交易這兩者之間，究竟誰輕誰重，再做決策。最後，如果不得不接受對方的最後通牒，向對方做出讓步，那麼可以考慮改變其他交易條件，力爭在其他條款上撈回自己失去的好處，這樣即令對方有利可圖，己方又毫無損失。

突破自我，打破僵局，成功演講助你打動人心

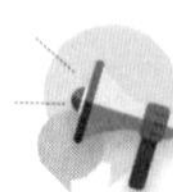

每一次成功演講都應具備的三要素

一個成功的演講人必須具備高深的思想、高尚的情操和豐富的知識，並且具備多種能力。成功演講可以用三個方面來評判：可信度、說服力和影響力。

一般而言，演講包括三個基本要素：演講者、演講和聽眾。這三個要素都非常重要，而且相互緊密地聯繫在一起。

首先，我們先說說演講者。在整個演講過程中，演講者是主導者，是演講的核心所在。演講的成功與否，歸根到底是由演講者決定的，這是不言自明的道理。那麼作為演講者應該具備哪些素質和修養呢？

被人們尊敬和懷念的林肯，在為捍衛國家的統一和反對奴隸制度方面做出了突出的貢獻。我們相信，正是那種高貴的品德和情感，加上深厚的人道主義意識，使他成為了美國歷史上最偉大的總統，而這也正是林肯之所以成功的最根本的原因。

林肯在給一位向他請教成功方法的年輕律師的回信中寫道：「成功的秘訣，就是對書本進行仔細閱讀和研究。只有不斷地學習，學習，這是最重要的。」林肯自己是怎麼樣的呢？魯濱遜評價林肯說：「他之所以成功，全部靠的是自學。他用真正的文化素材把他的思想武裝了起來，然後成為了一個天才。」

林肯的成功經驗讓我們認識到，演講者要有豐富的學識，這也是演講成功的基本條件。我們放眼望去，從古至今的演講家無一不是學識淵博的人，他們不僅能夠把自己的經歷活靈活現地組織到演講中，而且還能夠做到旁徵博引，這是因為他們博覽群書，知識豐富。另外，林肯具有一些超出常人的能力，比如敏銳的觀察力、豐富的想像力和牢固的記憶力，當然，還有一種對演講家來說必不可少的能力，那就是良好的表達力。

以上是演講家之所以成功的幾種基本素質和能力。當對一個演講家進行評論的時候，我們考慮的就是這些能力。這些能力都要體現到演講中去，才能獲得演講的成功。

演講的第二個重要要素，那便是演講。演講是演講者操作的具體物件。當演講者踏上講臺，直到演講結束，這個過程成為演講的整個過程。每個演講者都盡自己最大的可能使演講成功。

那麼，判斷演講是否成功，依據的標準是什麼？

可信度。這是演講是否成功的最基本因素。如果聽眾說「你說謊了」或者「你在隱瞞什麼」，這證明你的演講已經徹底失敗。正是可信度賦予你的演講最重要的品質，在某些場合，即使你的演講並不出色，如果你可信度較高的話，依然會取得成功。當然，如果事實正好相反，那麼即使你發揮得再出色，也於事無補。

說服力。說服力跟演說者的態度、價值觀、參與意識以及可信度有關。用語言去影響別人，這是一種十分讓人自豪的事。我們知道，要改變一個人的思想或行動，並不需要改變他的面容，這代表改變他人變得比以前容易多了。當你發表演講的時候，無論是何種目的，都希望能夠說服他人。當我們告訴別人某一件事情的時候，你必須運用恰當的方法、全面的觀點對它進行說明，這樣聽眾才會明白、相信你所說的是真的，否則他們會對你說的產生懷疑。說服力較高的演講是聽眾在聽完演講後會說：「的確像他說的那樣。」

影響力。那些成功的演講會產生轟動性效應。林肯的葛底斯堡演講讓人們銘記在心，現在聽起來，都還有一種震撼人心的力量。演講人希望自己的每一次演講，都能夠改變聽眾的看法或行動，或者讓聽眾瞭解到一種東西，這就是對聽眾的影響。人們說：「布萊特的演講影響巨大。」人們記住了，並且能夠因為他的演講而有所改變——不管是思想或行動，這種演講都是有影響力的。

我們再來說說聽眾。聽眾是演講者演講的受眾。聽眾也是演講成功與否的評判者。聽眾對演講一般有三個評判標準，你可以根據這三個評判標準修正你的演講，這有利於你演講的成功。

①根據自己的需求評判。每一個人都只對自己感興趣，他們只關心自己的需要，他們常常關心一場演講聽了之後有什麼收穫。演講開始前，你要問問自己，你能夠滿足聽眾的需求嗎？這是最關鍵的問題。你可能無法滿足聽眾的所有需求，但你要能至少滿足其中的一部分需求。比如，能給他們帶來知識、愉悅身心等，都能受到他們的歡迎，並能獲得好的評價。或者通過聽你的演講，使他們糾正了自己人生的方向，甚至你對他們表達了尊重的感情。這些都是他們歡迎的，也是你演講成功必備的。

②根據自己的認知評判。演講內容對聽眾而言是否是陌生領域，是否過於高深等問題。如果聽眾在聽你的演講後不知所云，對你所說的話和概念有很大的疑問，那麼，他們會毫不猶豫判定你的演講失敗。演講前一定要考慮到你的演講的內容，是否跟聽眾的知識、經驗和情感層次是否相當，是否有密切契合度，這是必不可少的。

③根據自己的切身體驗評判。很多聽眾認為演講並不是要得到什麼東西，而只是獲得一種體驗。他們往往只要求演講者能夠帶來精彩的演講，但是具體什麼才是「精彩」的演講，他們並沒有清楚的界定。他們就好像在觀看表演一樣，對表演的方式、表演人的動作氣質和風度更看重，而對演講的內容並不在意。對於聽眾這方面那方面的不同需求，你可以有針對性地滿足他們，從而取得演講的成功。

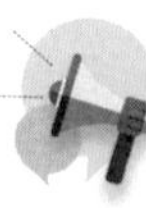

培養自信，有針對性地克服怯場心理

找出自己的弱點和不足，

有針對性地進行自我暗示。

不要懷疑自己，時時給自己打氣。

「哈佛不僅給了我無上的榮譽，連日來為這個演講經受的恐懼和緊張，更令我減肥成功。這真是一個雙贏的局面。」這是大家都熟知的暢銷書《哈利・波特》的作者在哈佛演講時說的內心感悟，表達了她深深的感觸。緊張怯場每個人都會有，然而對大多數人而言，怯場不是不治之症。當你在演講之前，發覺自己心跳加速、渾身顫抖、不由自主地流汗，並感覺口乾難耐的時候，這表明你已經陷於緊張和怯場的狀態。緊張和怯場有很多種表現：一位女士在房間裡，發現一個男士在走來走去，並且不停自言自語。女士關切地問：「你在幹什麼？」男士回答：「我將要在一個宴會上發言，現在還差十分鐘。」女士又問：「你總是這樣緊張嗎？」男士說：「我並不緊張。難道你覺得我很緊張嗎？」女士說：「你在走來走去，並且自言自語，最關鍵的問題是你現在在女洗手間裡。」這看起來是個幽默故事，其實不是，它是人在怯場時常常會有的表現，它往往陷我們於尷尬之中。

是的，怯場對大多數人而言，不是不治之症，你完全可以採用以下方法來克服。

1. 樹立成功的信念

信念的力量是無窮的，我們要學會運用這種力量，無論處於何種窘迫的景況之下，你都要記住，你必須成功，也必定能夠成功。

2. 採用積極的心理暗示

告訴自己能行，你會是成功的演講者，聽眾會喜歡你的演講，你也將得到他們的歡迎。告訴自己：這次演講是適合你的，因為它來自你的經驗，並且為之做了充分的準備；你比任何一個講演者都適合這個演講；你能夠全力以赴，把它表達得清楚順暢，具有吸引力。

3. 變不確定為確定，消除恐懼

魯濱遜教授在他的《思想的起源》一書中說：「恐懼產生於無知和不確定性。」確實，對大部分人來說，他們害怕當眾說話，主要是因為當眾說話的不確定性，他們因而產生焦慮和恐懼。特別對新手來說，要面對許多相對來說更加複雜而陌生的環境，這比學網球或開汽車明顯要困難很多。因此，只有通過不斷的練習，才能把這種不確定因素變為確定因素，從而使自己感到輕鬆自在。

美國傑出的演講家、著名的心理學家亞伯特•愛德華•威格恩在讀中學時，曾被老師要求作一個五分鐘的演講。愛德華在即將演講的那段時間裡，一想到要當著那麼多同學的面演講，心裡就十分恐懼，他這樣描述在演講前的緊張心情。

「演講的日子就要來了，我卻病倒了。每次一想到那件可怕的事情，我就頭昏腦脹，臉頰發燒，只好跑到學校後面，把臉貼在冰涼的牆面上，好讓臉色不再發紅。

在讀大學的時候，我還是這樣。有一次，我好不容易低頭背下了一篇演講詞的開頭，但是當我面對聽眾的時候，腦袋裡突然嗡地響了一下，然後就一片空白。後來，我又勉強擠出一句開場白：『亞當斯和傑弗遜已經過世……』之後就再也說不出話來了。我只好向聽眾鞠躬，最後心情沉重地回到我的座位上。

這時，校長站起來說：『唉，愛德華，我們聽到這則令人悲傷的消息，實在是太震驚了。不過，我們會盡量節哀的。』接著就是滿堂哄笑。當時我真的想以死來解脫，之後，我就病了好幾天。

當時，我在這世上最不敢期望的，就是做一個大眾演講家。」

世事難料。愛德華大學畢業一年後，丹佛市掀起了「自由造幣」運動，愛德華認為「自由造幣主義者」的主張是錯誤的，並且他們只做空洞的承諾。為此，他艱難地湊齊了到達印第安那州的路費，在到達該州後，就健全的幣制發表了演說。他回憶說：

「最初，我在大學演講的那一幕又浮現在我的腦海，揮之不去的恐懼差點使我窒息。我講話結結巴巴，恨不得立即從講臺上逃下去。不過，我最後還是勉強完成了緒論部分，雖然這只是一次微小的成功，但卻增加了不少使我繼續往下說的勇氣。當我完成的時候，我以為我只用了十五分鐘的時間，其實我竟然說了一個半小時，這讓我極為驚訝。

結果，在以後的幾年時間裡，我成了令全世界吃驚的人，我竟然把當眾演講當成了我的職業。」

愛德華認識到，要想克服當眾說話那種滅頂之災般的恐懼感，最好的方法莫過於首先獲得成功的經驗，並以此不斷地激勵自己。

做好充分的準備是演講成功的關鍵。機會垂青於那些有準備的人，我們只有在演講前做好充分的準備，才能真正克服恐懼，建立自信。丹尼爾・韋伯斯特說：「如果我不做好準備就出現在聽眾面前，就像是沒有穿衣服一樣。」沒有哪個比喻比它更貼切了。

在一次某協會的午餐會上，一位政府要員被邀請做一次演講。這位政府要員之前並沒有做好準備，他站在臺上，打算進行即興演講，但卻不知道該說些什麼。他一邊胡亂開了一個頭，一邊從口袋裡掏出一疊筆記紙，打算從上面找出一些合適的東西來。然而筆記紙上的內容雜亂無章，他的思緒也混亂一片，要命的是，出現了短暫的短路。他變得手足無措，就像法國盧梭所諷刺的某些人寫的情書那樣：「不知道怎麼開始，更不知道怎麼結束。」

這個政府要員由於沒有提前做好充分的準備，成了最尷尬、失敗的演講者。而你如果希望建立完全的自信心，就必須認真對待每次演講，提前做好充分的演講準備。

如果你做好了充分的準備，你必須確信自己演講的題目有意義。你的演講題目選好之後，根據計畫加以彙集整理。你要讓自己確信這個題目是有意義的，你必須具有堅定的態度，嚴格地要求自己，並以此激勵自己、堅信自己。怎麼才能讓自己確信這一點？這就需要你詳細、深入地研究題材，抓住其中更深層的意義。在你登臺演說之前，最好先和朋友聊聊，如果他提出了一些合適的意見和建議，你有必要對你自己的演講進行修改。這樣，你就可以讓自己確信，你的演講題目很有意義，將有助於聽眾。

不要懷疑自己，時時給自己打氣。任何一個演講者都會對自己的演講題材產生懷疑，他會問自己適不適合這個題目，聽眾會不會感興趣，因此他很可能在一念之間突然更改題目。所以，你應該學會給自己打氣。

社會科學家研究表明，演講者和聽眾對於緊張本身持有不同的觀點。通常情況下，即使演講者已經宣稱自己已經非常緊張，但是聽話的人未必就能察覺出來。這就好像一個人臉上長了一個斑，別人可能沒有察覺，而她自己把它想像成有駱駝那麼大，她走到哪裡，她都以為人們都在嘲笑她的斑。事實上，根本沒有人嘲笑她。演講過程中緊張也是如此，只是你心理上的一個小小雀斑，需要你從心理上將它除去。

需要謹記的是，演講前或演講過程中，不要思慮那些可能使你心神不寧的事情，不要去設想你可能會犯錯誤，或中間突然中斷講不下去怎麼辦等情況，這些顧慮不安的想法，很可能使你在演講開始前就失去信心。你要盡量做到不要過於關注自己，而是要集中精力傾聽其他演講者的演講，把你的注意力轉移到他們那裡去。

還有一點要知道，適當的身體調適，是克服緊張的有用方法。要學會適時釋放你的壓力。你可以採用以下方法，這些方法是演講者屢試不爽的減壓方法。去做做看，或許對你非常有效。

1. 深呼吸

深呼吸練習是最古老的一種釋放壓力的辦法，生理學家說，我們在呼吸的時候釋放出二氧化碳，從而減少血液的酸性，增加大腦的供氧量。方法是這樣的：伸展身體。儘量舒展你的身體大約十到十五分鐘左右。轉動你的頭部，盡量地擺動上肢，張開你的嘴巴，慢慢地吸一口氣，盡量延長時間，然後慢慢地呼出去。重複這樣的動作，多做幾次。這些動作能夠釋放你的肌肉緊張和疲勞，而且也不需要什麼特定的場地，隨時隨地都可以進行，而且效果出奇的好。

2. 做按摩

當你緊張的時候，有兩個你最容易感到疲勞的地方，那就是太陽穴和脖子，按摩這兩個部位，直到消除緊張情緒為止。

當然，這些都是輔佐手段，關鍵還是要放鬆心情，讓內心平靜下來，充滿自信地開始你的演講，相信自己一定能成功。

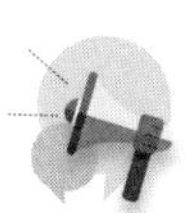

成功演講在於讓聽眾有深刻的體驗

演講之前，要確認自己已經準備妥當。

充分地進行準備，這是保證你演講成功的首要因素。

注意培養你的個人風格，動用你的風格贏得聽眾的喜愛。

關注你的聽眾，演講是講給他們聽的。調動他們的興趣和積極性，才是演講成功的關鍵。

每個演講者都希望演講成功，想要演講成功，需要注意一些問題，這些問題是你必須認真對待和克服的。

為演講做好充分準備。選擇你生活背景中有意義的、曾經教導你有關人生內涵的經驗，然後，把這些經驗汲取來的思想、概念、感悟等彙整起來，進行符合你習慣的整理和安排，務必做到胸有成竹。記住這一點：所謂真正的準備，是對你將要演講的題目深思熟慮。你可以把你的思想寫在紙片上，寥寥數語即可，當你演講的時候，這些四散的片段可能有助於你安排和組織。聽起來並不難吧？當然，只需要一點兒專注和思考，就能達到你的目的。

為了演講的萬無一失，你可以採取一個保險的方法，那就是在朋友面前預講。歷史學家艾蘭・尼文斯對作家說：「找一個對你的題材感興趣的朋友，詳盡地把你的想法說出來。這種方式，可以幫助你發現自己可能遺漏的見解、無法預知的爭論，以及找到最適合講述這個故事的形式。」你可以把你的選擇來做演講的意念，用於和朋友或同事的平常交談中。當然，你不需要搬出全套，他們可能沒有那麼多時間來聽你把它講完，你甚至不必告訴他們這就是你要講的題目。你只需在午餐桌前傾過身去，說類似這樣的話：「你知不知道，有一天我遇到這樣一件事情，告訴你聽聽吧！」你的朋友或同事可能很有興趣聽下去。講的時候，你可以觀察他的反應，甚至說不定他會有一些有趣的主意給你，那可能是很有價值的意見或建議，你不妨聽一聽。即使他知道了你是在預演，也會理解你的。

為無法預料的問題想好對策。演講時可能會遇到意想不到的問題，這些問題不僅包括你演講有關的問題，比如可能想不到用合適的詞語表達，也包括會場可能出現的各種情況，比如可能麥克風的聲音太小等。如果你忘記了接下來想要講什麼怎麼辦？或者你的演講被陌生人打斷。只有考慮到這些問題，並且想好解決的辦法，才能稱得上做好了充分的準備。

成功的講演架構非常重要。尋找到一個合適的講演架構對演講者而言是非常重要的。爭取通過自己演講資料的有效安排，一蹴而就地打動聽眾，這是再理想不過的了。美國著名的演講口才大師卡內基在美國的眾多地方舉行過會談，他曾總結出了一個「魔術公式」。這個公式的具體步驟是這樣的：開始把自己的觀點用實例告訴聽眾；詳細而準確地表明你的論點；告訴聽眾，你的演講會給他們帶來什麼好處。這個公式之所以命名為「魔術公式」，是因為它有著神奇的魔力。在這個生活快節奏的時代，聽眾不希望演講者發表冗長的、閒散的講話，他們希望演講者能夠以直率的語言一針見血地指出自己的觀點。針對不同的演講人、聽眾、演講內容來進行演講架構。總的原則是，我們的演講架構必須使我們能夠直接而有效地說明我們的觀點，並且讓聽眾理解並迅速接受。

瞭解聽眾資訊，隨時關注他們。演講之前，務必對你的聽眾有相當的瞭解。你必須清楚他們的身分，有什麼愛好、關心的問題，否則你就可能面臨「對牛彈琴」的尷尬。選擇聽眾感興趣的話題作為演講主題，選擇他們容易接受的方式，通過各種途徑獲得聽眾資訊，這些資訊會讓你獲益匪淺。

隨時和聽眾保持互動。在演講過程中，不要忘記與聽眾的溝通，可以用你的微笑、停頓或其他動作來表示你在關注他們，或者，向他們提出一些問題。隨時注意你的聽眾的反應：他們是緊鎖眉頭，是激昂亢奮，還是快要睡著了？針對觀察獲得的資訊，即時採取應對策略，獲得好的演講效果。

演講結束後，你還可以針對聽眾的感受進行調查，這時，他們往往會向你提出一些對你很有用的意見或建議，這對完善你的演講大有裨益。

建立自己的風格對演講成功意義重大，動用你的風格贏得聽眾的喜愛是至關重要的。成功的演講者一致認為，除了充分的準備之外，個人風格是最為重要的因素。我們曾經針對一百位著名的商業界成功人士進行了一項測試，結果發現，在導致一個人成功的因素當中，個性的因素遠遠比其智力因素重要。同樣的，這個規則對演講者來說也同樣重要。我們需要認識到：演講並不僅僅是講話，還包括講話的方式。作為聽眾，他並不是一台機器，他能夠強烈地感覺到你的眼神、動作、空間運用、表情、個人魅力等。他對這些東西的關注，甚至超過你的講話內容本身，而這些東西恰好構成了你的風格。誰會情願聽一個自己不喜歡的人叨叨不休呢？

每個人都可以形成自己獨特的風格，這種風格並不只是跟你的個性有關，還包括許多細微的東西。可以說，你的任何一個演講細節，都反映你本身的修養和性格。比如優雅的舉止和停頓的姿態以及短暫的中斷，以及幽默的談吐、眼神，只要能夠給你的聽眾帶來一種愉悅感，都應該毫不猶豫地加以利用，並且將這種個性清晰、具體地展現出來，使它們發揮最優化。

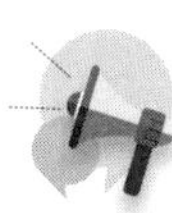

善於總結，避免八種錯誤的開場白

讓你的主題句變成你的第一句話，這是一個十分強有力的開場白。它是那些作風強勁、直接的演講者採取的方法。製造懸念可以讓你一開始就能引起聽眾的好奇心，深深吸引住他們的注意力，這對你是十分有益處的。

《華爾街日報》記者、哈佛大學客座教授尼德・尚曾自信地說：「第一句話都不會說，怎麼能瞭解對手呢？這樣的傻事我可從來不幹。」他指出了談判的開始對談判勝負的決定性意義，演講也是如此，好的開始是成功的一半，好的開場白是演講成功的關鍵。美國演講口才大師卡內基曾經將把演講比作飛行，把開場比喻為飛機的起飛，開場的失敗就是起飛沒有成功，後果不堪設想。每一個演講者都不希望自己精心準備的演講被平庸、失敗的開場白搞壞掉，但並不是每一位演講者都能成功地做好演講的開場白。他們常常使自己的飛機在起飛時就發生故障，這是非常令人遺憾的。

然而，也有很多成功的演講者會運用漂亮的開場白。美國總統威爾遜當年在國會發表演說時，針對德國潛艇戰發出最後通牒，只不過用了二十個字來宣佈他演講的內容，卻成功地把人們的注意力吸引住了，他說：「我有義務向諸位坦白，我們和德國的關係出現了一種全新的情況。」

英國首相哈樂德・麥克米倫在印第安那州綠堡的德堡大學向畢業班演講的時候，他開頭一句便打開了溝通的線路，非常精彩，我們聽聽他說的話：「我很感激各位親切的歡迎詞。身為大英帝國的首相，應邀前來貴校，實非尋常等閒之事。不過我感覺本人當前的政府職位，恐怕不是各位盛邀的主要原因。」接著，他提到自己的母親是美國人，出生於印第安那州，父親則是德堡大學的首屆畢業生之一，「我可以向各位保證，我深以與德堡大學有關聯為榮，並以能重溫老家的傳統為傲。」無疑，麥克米倫先講的這些，即刻就為自己開通了與聽眾心理相容的線路，拉近了與聽眾之間的距離，為自己贏得了友誼，起到了非常好的溝通效果，這就是完美的開場白。

演講者都希望在開場的時候就能牢牢地抓住聽眾的吸引力，建立和聽眾之間緊密、和諧的關係。我們希望聽眾在聽完我們的開場白後說：「看來我應該認真地聽下去。」

贏得觀眾的興趣並產生傾聽的願望，其實非常簡單，做好你的開場白。下面我們來說說你需要避免的幾種錯誤的開場白。

錯誤的開場白之一：消極否定

消極否定的開場白是自殺式的開場白。比如，你說：「但願大家聽我的演講不至於是浪費時間，但是我的確沒有準備充分……」可能你想通過這種表白求得聽眾的原諒，因為你「的確沒有準備充分」。但是你不但在自我否定，也在否定下面的聽眾，因為聽眾會認為你表達的意思是：「你們一點兒都不重要。」這種開場白的結局如何，可想而知。

錯誤的開場白之二：用專業詞彙

不要在開始的時候用那些古怪、陌生的詞語來嚇唬聽眾，他們的興趣會被你專業的聽似高深的言論嚇跑。除非演講的實際需要，你沒有必要一開始就表現出你學問豐富、深不可測，這樣的開場白也必將導致演講以失敗而告終。

錯誤的開場白之三：道歉

有的演講者喜歡一開始就向觀眾表達歉意，表達歉意是最糟糕的開場白之一，比如：「很抱歉，我將只能簡單地為大家講幾句，因為我的時間很緊。」如果這樣開場，表明你是個以自我為中心的人。難道聽眾沒有資格聽你演講嗎？或者你說：「很抱歉，大家看到的不是原來那個演講者，而是我站在這裡。」你認為這對聽眾有用嗎？

除非你一不小心碰倒了講臺，或者按滅了演講大廳的燈光，否則你不需要道歉。聽眾不希望聽到你的藉口和道歉，即使他們沒有表現出來。你也沒有資格浪費聽眾的時間，本來他們是懷了很大的熱情才來聽你演講的，不要一開始帶給他們不幸的消息。你為自己存在的一些問題感到不安，這是很自然的事，但是你沒有必要在一開始就說出來。

錯誤的開場白之四：開玩笑

常聽喜劇演員說：「去死很容易，但是要演好喜劇很難。」的確，要把大家搞笑很困難，尤其是需要當這種幽默跟你的演講有關的時候。有時候，利用幽默做開場白，有點像是一個命中率極低的賭注，很難收到良好的效果。

糟糕的是，很多演講者喜歡用幽默作為開場白，好像除了這個方法之外，沒有其他的選擇一樣。那些成功把聽眾逗笑的人，表現上看起來好像聽眾對他很歡迎，事實上卻並不是如此。因為他們就好像在看一場滑稽劇，看完之後就忘記它的內容和表演者是誰了。

錯誤的開場白之五：表達自己演講的主題很艱難

不論你選什麼樣的演講主題，無論演講主題如何棘手，你都不要對聽眾說：「對這個主題我感到力不從心……」你害怕你的演講中有錯誤，被權威笑話嗎？既然你已經選擇了這個主題，那麼就一定是你所熟悉的，除非你的演講稿是別人替你準備的。你的這些話有損你演講的說服力，既然你選擇了這個主題，就信心百倍地告訴你的聽眾，就你所演講的主題而言，你就是權威。

錯誤的開場白之六：區別對待聽眾

有的演講者喜歡一開始就特別提及那些坐在台下的重要人物，他們或是政府官員、學術權威，或是德高望重的人。但你千萬不要區別對待聽眾，千萬不要讓聽眾認為他們被輕視了，充分表現你對他們的尊重和關注，否則你失去的是大部分聽眾的興趣和信任。

錯誤的開場白之七：陳詞濫調

不要使用陳詞濫調、毫無新意的話語。有的演講者喜歡以時髦、低俗的話作為自己的開場白，其實這樣的開場白只會使聽眾對你感到失望和厭煩，要盡量給聽眾一種新鮮的感覺。

錯誤的開場白之八：告訴聽眾你是被迫的

我們都有這樣的感受：當你被迫做一件事情的時候，你一般都做不好它。有些演講者常常在一開始就告訴聽眾他是被迫來發表這個演講的，這句話表現出你對被迫演講感覺很無奈、消極。在這種情況下，讓聽眾對你所演講的內容感興趣不是一件容易的事。所以，切忌這樣的開場白。

拉近距離，吸引聽眾進入演講角色

選擇聽眾感興趣的主題進行演講。

適當地讚美聽眾，這樣能拉近你和聽眾之間的距離。

演講過程中，隨時和聽眾溝通是演講成功的關鍵。究竟該如何和聽眾保持良好的溝通和互動，讓聽眾一開始就融入到演講之中呢？

首先，要選擇聽眾感興趣的話題。一般而言，對他們有利的話題他們才會感興趣。

許多人之所以不能取得演講的成功，可能是因為沒有找到合適的演講方法，但在大多數情況下，最主要的原因是選錯了主題。他們談論的都是自己感興趣的話題，而不是專門為聽眾準備的話題。

美國著名演說家羅素・赫爾曼・康維爾博就非常注意針對聽眾的興趣發表演說，他的那篇「發現自我」的著名演講，曾經引起了極大轟動。跟康維爾博一樣，曾任美國電影協會會長的艾黎克・鐘斯頓先生也非常重視這一點，幾乎在他的每一場講演中，都使用了這一技巧。比如，他在奧克拉荷馬大學的畢業典禮的演講上，一開始是這麼說的：「尊敬的各位奧克拉荷馬的公民，你們想必都非常熟悉那些習慣於危言聳聽的騙子。你們一定會記得，他們曾經拒絕將奧克拉荷馬州列入書本，認為它是一種沒有任何希望的冒險……」

這種技巧十分高明，當第一句話說出口之後，他與聽眾的距離立即拉近了。他讓聽眾明白，他的演講是專門為他們準備的。他所說的事情必然能夠吸引聽眾的注意力，因為迎合了聽眾的興趣。

卡內基口才訓練班上有一名來自費城的名叫哈樂德・杜懷特的學員。在一次由老師和學員們參加的宴會上，他發表了一次成功的演講。他依次談論到在座的每一個人，回憶起當初在進卡內基口才訓練班的時候，各位同學給他的印象；並且回憶他們的某一次演講的情形，他還模仿其中一些同學的動作，誇大他們的特點，結果逗得同學們開懷大笑。像他這樣的演講是成功的，因為每個人對他的演講都很感興趣，他在討論他們自己。

在演講之前，不妨先問一下自己能不能幫助聽眾解決問題，是不是能夠達到他們的目標，你甚至可以直接告訴他們你能達到他們的願望和目的。如果你是一個會計師，你可以對聽眾說：「我將告訴你們該怎麼節省一筆可觀的稅款。」如果你是一個律師，你可以告訴聽眾：「我將告訴你們如何訂立遺囑。」你要相信，在你的知識儲備中，必然有對聽眾有利的東西，而你也需要選擇這樣的東西作為你的話題。

再則，學會讚美你的聽眾。演講過程中，你要隨時隨地地給予聽眾以真誠的讚美，這能夠幫助你獲得聽眾的熱情。不要擔心，大多數人都會因為得體的讚美而開心，因為由個體組成的聽眾，他們的反應也像個人一樣，喜歡聽到讚美，而不喜歡聽到批評。當然，這裡需要注意的是，跟讚美個人一樣，你的讚美需要恰當得體，不能過於誇張和肉麻，不然會起到相反的效果。更加重要的是，你的讚美必須真誠。如果你對他們說：「你們是我見過的最具有智慧的聽眾」、「這裡的所有聽眾都是美女或紳士」，會顯得你故意這麼稱讚，他們聽不出你的一點兒誠意來，起不到任何好的作用。

第三，故意縮短和聽眾的距離。我們在這裡講的距離主要是指「心理距離」，也就是消除和聽眾之間的陌生感。心理學家研究表明，縮短這種心理距離有助於人際溝通。

在實際的演講中，要拉近和聽眾的距離，最好的辦法莫過於指出自己與聽眾有某種關係。林肯一八五八年在伊利諾州南部的一些地方的演說中，就巧妙地運用了這個方法。

要縮短和聽眾之間的距離的一個方法，就是演講中喊出他們的名字，介紹他們的經歷以及成就或貢獻。法蘭克・裴斯——他是通用動力的總裁——曾經在自己的一次演講中使用過幾個聽眾的名字，收到了意想不到的效果，當時他參加的是紐約「美國生活宗教公司」的年度晚宴：

「對我而言，這是一個非常愉快的夜晚。我的牧師，尊敬的羅伯・艾坡亞先生正坐在我們中間，正是因為他的言行和指導，我、我的家庭甚至是整個社會都受到了激勵和啟示。路易・施特勞斯和鮑勃・史蒂文斯也是我所尊敬的人，他們對宗教極其熱誠，這一點從他們從事社會事業的熱心可以看出來。另外……」

可以想像，當聽眾聽到自己的名字出現在演講中的時候，無疑會有一種非常親切的感覺。因此，這也是一種非常有用的方法。但是，當我們在提到這些名字的時候，首先應該確認這些名字的正確性，並且要保證是在用一種友好的方式提到它們。

在演講中使用「你」或「你們」，這種方法可以使聽眾的注意力保持集中，因為當你使用的時候，實際上說明這些事情是你針對他們說的，從而能夠縮短你和聽眾之間的距離。

在大多數情況下都可以使用「你」或「你們」這樣的稱呼，但是有些時候卻很危險。這種情形的結果是讓聽眾覺得，你在以一種居高臨下的姿態教訓他們，或者力求劃清和他們之間的界限，這時候就可以使用「我們」。

第四，積極與聽眾互動，保持良好的溝通。

很多演講者覺得自己和聽眾中間隔著一堵牆，它阻礙了自己和聽眾的溝通。他們都想推翻這厚厚的牆壁障礙。推翻這堵牆最好的辦法是，充分地與聽眾進行互動。當你挑選聽眾協助你展示某個論點的時候，這些聽眾意識到自己正在參與表演，因此會特別注意你說的東西，因此印象會特別深刻。當然，你挑選的是一部分聽眾，但是，聽眾會認為被你挑選的那些聽眾代表的就是自己，對這一點你不用擔心。

與聽眾互動的方式有很多。比如，你可以請聽眾回答問題，或者讓聽眾重複你所說的話。總之，在你實際演講的過程中，不要放過任何一個與聽眾互動合作的機會。

第五，保持謙虛的態度，不要讓聽眾感覺你高不可攀。

很多演講者給聽眾一種高高在上的感覺，這是讓聽眾融入演講的一個很大的障礙。如果演講者抱有一種高高在上的感覺，不管是智力、學識或社會地位上的，即使他並不表現出來，聽眾也一看便知。因為當你演講的時候，你的一舉一動、一言一行都暴露了你的每一個細節，包括你的心態。正因為這樣，如果你能夠保持謙虛，聽眾就會對你產生一種善意和親切感，當然也會更加有利於你的演講。就像《現代宗教領袖傳》的作者亨利和丹納・李・戴樂斯，在書中評論中國儒學大師孔子那樣：「他擁有許多知識，卻從不炫耀。他永遠只是包容別人，以自己的觀念設法啟迪別人。如果我們也能做到這一點，就能夠打開聽眾的心扉。」

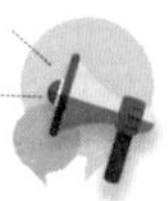

張弛有度，博得聽眾喜歡有良方

採用友好的方式緩和與聽眾的緊張關係。

採用一種調笑的方式來鬆弛緊張的氣氛，排除障礙。

消除反感的方法最根本的還是取決於你的態度，放低你的姿態。

美國奴隸制被廢除前，伊利諾州南部的人非常野蠻，出入公共場所都要攜帶利刃和手槍。他們對於反對奴隸制度的人們非常憤恨，因此他們和那些從肯塔基和密蘇里兩地渡河而來的畜養黑奴的惡霸們，一同預備到林肯的演說現場進行搗亂。他們還立下誓言，說林肯如在當地演講，他們立刻把這個主張解放黑奴的人驅逐出場，並把他置於死地。林肯早已聽到了這一恫嚇，同時他也知道這種緊張的情勢對他來說是十分危險的，但是他卻說：「只要他們肯給我一個略說幾句話的機會，我就可以把他們說服。」因此，他在開始演講之前，親自去和敵對的首領相見，並且和他熱烈地握手。

「南伊利諾州的同鄉們，肯塔基州的同鄉們，密蘇里的同鄉們，聽說在場的人群中有些人要和我為難，我實在不明白為什麼要這樣做？我也是一個和你們一樣爽直的平民，那我為什麼不能和你們一樣有著發表意見的權利呢？好朋友，我並不是來干涉你們的人，我也是你們中間的一人。我生於肯塔基州，長於伊利諾州，和你們一樣是從艱苦的環境中掙扎出來的。我認識南伊利諾州的人和肯塔基州的人，也想認識密蘇里的人，因為我是他們中的一個，而他們也應該更清楚地認識我。他們如果真的認識了我，就會知道我並不是在做一些對他們不利的事情，同時他們也絕不會再想對我做不利的事了。同鄉們，請不要做這樣愚蠢的事，讓我們大家以朋友的態度來交往。我立志做一個世界上最謙和的人，絕不會損害任何人，也絕不會干涉任何人。我現在誠懇地對你們要求的，只是求你們允許我說幾句話，並請你們靜心細聽。你們是勇敢而豪爽的，這個要求我想不至於遭到拒絕。現在讓我們誠懇地討論這個嚴重的問題……」

當他演說的時候，面部的表情和善友好，聲音聽起來也非常懇切，這婉轉的演說開頭，竟把將起的狂濤止息了，敵對的仇恨平息了。大部分的人都變成了他的朋友，大部分的人都對他的演說大聲喝彩。後來他當選總統，據說由於那些粗魯群眾的熱烈贊助而得力不少。

面對有敵意的聽眾，除了表現你的友善、友好，還有一個很好的方法，就是採用一種調笑的方式來鬆弛緊張的氣氛，排除一部分障礙，淡化聽眾的反感。

英國演說家迪克・史密西斯有一次勸說電力供應行業的董事長們聯合起來，成立一些更大、更有效的部門。他事先知道與會者對此不屑一顧，自己不受歡迎，「今天在黎明前，我離開威靈頓的家。我到達飛機場時，天色仍舊漆黑一片。機場上空無一人。檢過票後我進入走廊。我感到迷惑不解，因為我看不到一個旅客。我登上扶梯，走進空蕩蕩的機艙裡坐了下來。我開始奇怪，是不是出了差錯。不一會兒，一位空中小姐出現了。『旅客們都在哪兒呢？』我問道。她聳了聳肩說：『全在這兒了。』於是我孤零零地坐在那兒，暗自想道：『我知道我不受歡迎……但也不至於這樣。』」董事長們一下子就被這段引子逗樂了。接著，他又就自己不受歡迎大做文章，直到聽眾無拘無束地鬆懈下來。顯然，史密西斯剛才的一番話，幫他消除了聽眾的抵觸情緒。

消除反感的方法不止一兩種，而最根本的還是取決於你的態度。如同我們前面討論過的一樣，在演講臺上，我們最好採取低姿態，因為激起聽眾敵意的，是你自認在他們之上。當你講演時，你就如同展示在櫥窗裡的商品，你個性中的每一面都將一覽無遺，任何自誇自傲都會讓你功敗垂成，而謙虛可以激發信心與善意。只有顯出你的真心誠意，聽眾才會喜歡你、尊敬你。

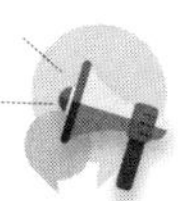

沉著冷靜，巧妙應對演講中的突發情況

演講中無論遇到什麼事，你必須沉著冷靜，理智地去想解決問題的方案。

當忘詞的時候，爭取時間讓自己想起來，或者換別的方案，不要讓聽眾等下去。

美國著名的主持人哈利・范・澤西在他年輕的時候，曾經犯了一個十分低級的錯誤。那時候，他通過廣播向全美國的聽眾介紹一位著名的人物：「女士們，先生們，接下來為我們演講的是美利堅合眾國總統——胡伯特・西佛，大家請歡迎。」我不知道當時的胡佛總統有什麼反應，不過，這種錯誤並沒有對這位主持人造成太大的影響。事實上，他依然被認為是最受人愛戴的主持人。

俗話說：「不做錯事的人，是不做事的人。」你即便犯了一個錯誤，也不會給你帶來天大的災難，甚至不會有任何較大的影響。就算是最好的演說家，以及各行各業裡的傑出人物，他們也都難免會犯錯誤。如果你犯了錯誤，最好不要驚惶失措。即使你的演講中也犯了像哈利・范・澤西那樣的錯誤，大可不必慌張。告訴自己要冷靜，慌張並不能解決任何問題，只能使情形變得更加糟糕，只有冷靜下來，然後才能採取補救措施。演講過程中遇到的意外情況，不只是忘詞，或者說錯了一個詞。當外來的事情打擾了你的演講，你也需要保持冷靜，冷靜地處理發生的意外情況或事件。

針對不同的意外情況，你必須採用不同的技巧來應對。下面我們來討論演講過程會遇到的「意外」，以及要採取的應對措施。

忘詞時的應對技巧。在我們演講的時候，忘詞是一個很大很普遍的問題。許多演講者為了避免出現這種情況，於是把演講詞背得滾瓜爛熟。這是一個辦法，但絕對不是好辦法。因為我們只有脫離演講詞進行演講的時候，才能進入自然的演講狀態。而且，即使背誦了演講詞，也不能防止你的大腦在演講的時候出現「短路」。這時候，因為你只是機械地記住了演講詞，一旦忘記死記硬背的演講詞，補救將會變得更加困難。

一般而言，忘詞包括兩種情況：忘記一個詞、一句話，忘記接下來要講什麼。處於這種境況時，切記千萬不要像猴子一樣抓耳撓腮。你需要做的是聚精會神，爭取在幾秒鐘之內迅速想起這個詞語或接下來要講什麼，在你想的過程中，需要用一定的動作或語言來向聽眾說明：你並不是忘詞了，而且在想一個更加合適的詞語，或者給聽眾思考的時間，故意停頓以希望聽眾注意之類。你也可以重複一下你前面的內容。如果你實在想不出來，第一種情況下，考慮用另一個詞或另一句話代替。第二種情況，則把你能夠想起的另一段先講出來，然後再慢慢地想你所忘記的內容，或者乾脆自由發揮，但一定要緊扣主題，不可東拉西扯。無論如何，不要讓你的聽眾等得太久，他們會失去耐心並會懷疑你的演講能力。

口誤的處理技巧。在演講過程中，當你發現自己說錯了某個詞或者表達錯了某個觀點，而你想改正過來，那就需要很大的技巧。最重要的一點是，不要因為口誤而影響了演講的連貫性、完美性及和諧氣氛。

一旦口誤，你可以直接道歉。幾乎所有人都會犯錯誤，如果你犯了錯誤，聽眾會原諒你的。但是這種方法過於直接，而且可能會影響演講的連貫性。發現口誤時，不妨繼續下一個話題。這時你要忘記你的口誤，裝作什麼都沒有發生，但是當你在快要結束的時候，問一問聽眾注意到你犯了什麼錯誤沒有。這就是告訴聽眾，你在檢測他們的注意力是否集中。

發生口誤時，現場改錯也是一個不錯的選擇。「朋友們，難道你們認為是這樣嗎？」這是一位演講家在產生一個口誤之後，馬上大聲對聽眾所說的話。毋庸置疑，這種方法十分有效，你也可以效仿。

演講過程中會發生很多意想不到的情況，除了演講者自己的原因外，外因也是干擾演講順利進行的一個不可忽視的因素。比如，當你在演講的時候，一位聽眾匆匆推門進來，手忙腳亂地尋找自己的座位；當聽眾都在聚精會神地聽你演講，人群中有人發出了莫名其妙的聲音，這時候聽眾的注意力都被這種種意外轉移走了。

一位演講者演講的時候，突然停電了，演講大廳裡一片黑暗，這時候只聽到演講者的聲音清晰地傳到聽眾的耳朵裡：「看樣子，現在我們不得不在談論的主題上發一些光。」這句話十分精彩，立即贏得了聽眾的熱烈掌聲。

意外事件、突發事件指的是自己不曾預料的事件，它處理起來更加需要應變能力。應對突發事件最重要的一點是，如何把這種意外事件變成對自己演講有利的事情。做到化尷尬為幽默，化不利為有利，讓情況朝著有利於你的方向發展。

完美收尾，讓聽眾記住你的演講

結論要與開場呼應，使你的演講顯得更加緊湊，給人有始有終的好印象。

結論中加入幽默感，加深聽眾的印象。

想辦法在做結論中達到演講的高潮，記住，結尾是最讓聽眾記憶深刻的部分。

作為聽眾，常常會有這樣的體驗：當演講者退席後，他所說的最後幾句話還停留在我們的腦海中，這些話將會被常記不忘。人們評判演員水準的一個簡單方法就是看他的進場及出場，演講也不例外。如果一個演講的開頭和結尾都不能給人留下良好的印象，那麼，就可以斷定這是一次糟糕的演講。每場演講結尾的結論可以說是演講最重要的一部分，不容忽視。

作為演講者，我們在演講結尾時常常犯哪些錯誤呢？如何避免糟糕的演講結論呢？

有些演講者常常在演講結束時說：「對於這件事，我只能說這麼多了。」他們常常釋放一些煙幕彈，比如說：「謝謝諸位。」無疑，他們想遮掩自己不會做結論。如果你打算結束自己的演講，為什麼不馬上坐下來，卻要說「我講完了」之類的話呢？這些不是結論的結論，只能顯出你在演講技巧方面的欠缺，沒有任何意義。

演講者在演講接近尾聲的時候，應該向聽眾提出一些自己的要求，那些成功的演講者常常在自己演講的結尾處提出自己的要求，希望聽眾能夠滿足。開場的時候，你告訴聽眾你能夠給他們什麼，結束的時候，告訴聽眾你想要得到什麼。這是一種很自然的方式，聽眾一般都不會拒絕。

演講中應該避免的結論。

1. 難以「剎車」

有些演講者通常結束不了自己的演講。他們如同導遊，在進行一次沒有規劃的旅行，引領聽眾進入一個又一個的景觀，而且對每個景觀都進行了詳細地描述，但卻不知道該怎麼結束旅行。只有等天黑了的時候，他才意識到應該結束這次旅行了。他沒有任何結論性的語言，但這絲毫不影響他匆匆地結束自己的演講，就像失靈的汽車，無法剎住，後果不堪設想。

2. 虎頭蛇尾

這種虎頭蛇尾的演講是無法得到聽眾好評的，不要給聽眾頭重腳輕的感覺。你的開場白給聽眾一種規模宏大的感覺，但是在你的結論中卻草草收尾，好像通過自己的演講，你對自己的觀點產生了懷疑，或者你已經不耐煩繼續說下去。也許你的結尾本身並不很簡單，但是相對於開頭來說，卻顯得過於寒磣。你必須做到前後一致，整體協調才行。

3. 有始無終

有些演講者演講結束得過於迅速。當聽眾還沉浸在他的演講之中，並且準備聽他繼續說下去的時候，他就匆匆地結束了演講。「就這樣結束了嗎？」聽眾會產生疑問。這就像船還沒有到達目的地，就拋錨了一樣令人不愉快。這種結論沒有任何的過渡，在聽眾開始感到愉快的時候，突然踩了急剎車，聽眾不明白這個結論是怎麼來的。想像一下，如果你正在跟人談論，對方突然衝了出去，什麼話也不說，你會有什麼感覺。這種急剎車式的結論，是每個演講者都應該極力避免的。

4. 冗長的結論

一些演講者的總結比他對主要觀點的論述還要多。要知道，所謂的結論只是對前面所說的話的一種總結，而不是展開的另一番論述。當你表明自己打算結束演講的時候，突然來了這麼一手，這好像在欺騙聽眾。聽眾不得不強打精神，來聽你的第二次演講，而且是同一個主題。不要相信你的聽眾會給你這樣的機會，也許在你做結論的時候，聽眾會一個接著一個地離開他們的座位。過長的結論只會引起聽眾的反感，它和沒有結論一樣，會讓聽眾感覺不愉快，避免冗長的結論是每個演講者都必須注意的問題。

5. 雷同重複的結論

要保證你的結論並沒有與前面說過的話雷同，更不要摘抄自己前面說過的話。這種結論沒有任何用處，只會使聽眾感到更加厭煩。說同樣的話或者表達同樣的雷同性重複，只能讓你前面精彩的演講毀於一旦，沒有人有閒心或閒時間聽你喋喋不休地嘮叨。

6. 毫無意義的提問

許多演講者為了引發聽眾的思考，常常在結論中提一些問題。提問題不是不可以，關鍵是看提哪些方面的問題。如果你問聽眾：「你們看我說的對不對？」這樣的提問對你的演講來說如同一場戕殺。

7. 否定性的結論

如果你在結論中說：「我之前所說的不一定全部正確。」像這樣對自己的演講負面的、不肯定的結論最好不要講，因為這就好像聽眾費了很大的勁兒聽了你的演講，結果卻好像這演講卻只是胡說八道、毫無意義似的。這樣的結論既否定了自己，又否定了聽眾的判斷力，是一種傷害聽眾感情的低級結論。

懂得讓步，循序漸進，掌握高超的推銷技巧

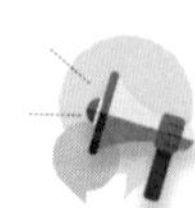

做好鋪墊，想方設法滿足客戶心理需求

針對對方的心理進行推銷。仔細研究對方的需求和想法，設法滿足對方的心理需求。

不要急於把你的產品推銷出去，而應該盡量做好各種鋪墊，做到水到渠成。

保持平和的心態。雖然你應該重視每一個推銷的機會，但是不能過於關注。過於關注會使你犯下一些錯誤。

一個出色的推銷員，必須是一個掌握了推銷語言藝術的人，一旦掌握了說話的藝術，就能使推銷變得簡單。因此，任何一個推銷員，都渴望擁有高超的說話藝術。然而遺憾的是，這種說話藝術不是輕易就能得來的，它需要一整套推銷口才技巧。

如何才能掌握高超的說話藝術，成為一個無往不勝的「王牌」推銷員呢？

1. 迎合顧客的興趣，拉近彼此的距離

首先你要明確一點，重要的不是你的產品有多麼出色，而是顧客對你的產品和你的認同。一般來說，這種認同跟他的興趣點是相符合的。

柯達公司的總經理伊斯曼先生為了紀念自己的母親，準備建造「吉爾本劇院」。紐約優美座椅公司的經理艾當森想要得到劇院座椅的訂單，於是跟劇場的建築師約特一起去見伊斯曼先生。在路上，約特對艾當森說：「我知道你很想得到這筆訂單，但是伊斯曼先生很忙，脾氣也不好，你最好不要超過五分鐘，不然你恐怕得不到這筆訂單。你最好盡快說明情況，然後迅速離開。」

伊斯曼先生確實很忙，當他們走進他的辦公室的時候，他正在埋頭整理檔案。他摘下眼鏡點頭示意，並且問道：「兩位有何貴幹？」

約特介紹了艾當森。艾當森並不急於說明自己的來意，而是說：「伊斯曼先生，我沒想到你的辦公室這麼漂亮，能夠擁有一間像您這樣的辦公室，是一件多麼美妙的事情。說實話，我從未見過這麼漂亮的辦公室。」他走到辦公桌的旁邊，問道：「這個辦公桌一定是英國橡木做的，如果我沒有猜錯的話。」

「是的，」伊斯曼回答道，「是從英國進口的，我的一位研究木材的朋友幫我選的。」

接著，艾當森又稱讚了伊斯曼先生的許多收藏品，並且對他的善舉表示了由衷的讚美。他引導著伊斯曼說出了自己早年的創業史，他深情地回憶起當年貧窮的日子，回憶到他為了賺五十美分而去推銷業務。他說道，他拼命地賺錢，就是為了讓和自己一起受苦的母親過上好日子。

談話的時間一分一秒地過去，很快就超過了兩個小時，但是伊斯曼先生卻談興正濃。到了午餐的時間了，伊斯曼先生邀請艾當森一起用餐，艾當森先生當然答應了。

艾當森一直沒有提訂單的事情。他知道，對伊斯曼來說，這件事情現在已經變得不值得一談了，因為他已經把艾當森當作朋友了。後來，等艾當森打算告辭的時候，伊斯曼主動提出來向艾當森公司下訂單。

可以看出來，艾當森看起來好像並沒有在說服伊斯曼上費多大功夫，但是他用適當的話題，使談話以一種平和、愉快的氣氛朝對他有利的方向進行，並在最後達到了自己的目的。假如艾當森沒有採用這種方法，而是一直對伊斯曼進行說服，可以想像，不出五分鐘，他就不得不離開伊斯曼的辦公室。

迎合對方的興趣的確很重要，因為這種方法可以拉近你和客戶之間的關係，建立一種相互信任的關係。眾所周知，在與陌生人的交往中，這一點是極為重要的。

就像艾當森做的那樣，原來顯得十分困難的事情，卻變得極為簡單。

2. 不要直接切入推銷話題，求客戶「幫個忙」

每個人都希望被別人重視，不管他處在何種地位，有多麼成功。在推銷商品的時候，請你的客戶「幫個忙」，能夠使他（她）得到一種被欣賞和尊重的感覺，從而願意購買你的產品。

愛莫塞爾負責推銷鉛管和暖氣材料，他進入這個行業已經很多年了。這次，他在布魯克林地區進行推銷的時候，遇到了一位難纏的客戶。這位鉛管經銷商只要一見到愛莫塞爾，就會沖著他吼道：「滾，我什麼都不需要。」

愛莫塞爾作為一個優秀的推銷員，並沒有被這種困難打倒，他依然堅持不懈地對這位客戶進行推銷。後來，他想出了一個好辦法來解決這個難題，他又一次走進了那位經銷商的辦公室。

「我不是來推銷產品的，」愛莫塞爾說道，「而是來請你幫個忙的。我們公司準備在這裡成立一個分公司，而你正好對這個地方比較熟悉，你認為我們公司應該把分公司選在哪兒呢？」

這位喜歡吼叫的經銷商一下子就變得非常友好了，他滔滔不絕地跟愛莫塞爾聊開了。當愛莫塞爾離開的時候，他已經用這種方式贏得了和這位經銷商的友誼，並且得到了一筆不小的訂單。

3. 適當地說出你的產品不足，贏取客戶的信任

很多推銷員急於把自己的產品推銷出去，在介紹自己的產品時，用的都是肯定和誇讚的語氣。他們在無形之中給人的感覺是，自己的產品沒有任何缺點，而且適合所有人。

實際上，即便你把自己的產品說得天花亂墜，也不能打消顧客的疑慮。你的產品很完美，無懈可擊嗎？可是人人都知道這是不可能的。他們需要知道關於這種產品不好的一些資訊，否則會認為你正在隱瞞什麼，不信任你的後果就是拒絕你的產品。

因此，你應該適當地給對方介紹一些你產品的缺點。你應該知道，你現在推銷的就是針對這位客戶而已，並不需要把自己的產品說成適合所有人。「這種產品並不適合那些油性皮膚的人，但是非常適合你。」這樣來介紹你的美容產品，對方當然更加願意相信你說的話，而這是幫助你建立誠信的一個很好的機會。說一些有針對性的實在的話，能贏得顧客的好感，讓他們感覺到你在為他們著想。

4. 避免與對方發生衝突，贏得交談機會

在你推銷的過程中，即使對方做了一件事情或者說話而冒犯了你，也不要和他爭論。對推銷員來說，這個建議可能算是一個最好的建議了。因為一旦你與對方產生了爭論，就說明你的推銷已經完全失敗。

一個叫奧哈爾的愛爾蘭人，因為自己的業務表現並不理想，來參加口才補習班。他就是那種把自己公司的汽車說得什麼都好的推銷員，即使他知道明明有很多缺點。他在推銷汽車的時候，常因不願意接受顧客的批評而和他們發生口角，而顧客通常會因為這樣不買他的汽車。

起初，奧哈爾不知道該如何說話，經過一段時間的口才訓練後，他完全掌握了如何減少講話和避免跟人爭論，現在的奧哈爾已經是紐約福特公司最成功的推銷員了。

奧哈爾自己回憶說：

「我走進人家辦公室進行推銷，但人家卻這麼說：『什麼，福特汽車？那太差勁了。就是送給我我也不要，我正打算買胡雪公司的卡車。』在過去，一旦遇到這種情況，我都會火冒三丈，並會向他指出胡雪公司的卡車品質是多麼得不好。但這樣會激起顧客的逆反心理，爭辯越是激烈，越使對方打定不買福特汽車的決心。即

使我取得了辯論的勝利，也沒有任何的好處。

而現在，我聽到他這樣的話，不但不反對，還會順著他的話繼續往下說：『老兄，你說的一點都不錯。胡雪公司的卡車確實相當不錯。你要買他們的卡車，相信你不會後悔。胡雪公司是大公司，他們的推銷員也都非常能幹。』我這麼說了，他就不會繼續稱讚胡雪公司的卡車了，因此便不會發生爭論。他說胡雪公司的卡車很好，我並不反對，他就不得不把話停住了。這樣，我就得到一個向他介紹福特汽車的機會。

現在想起來，我過去做推銷確實很失敗。由於這種無意義的爭論，我失去了許多寶貴的時間和金錢。我很高興現在自己終於學會了如何避免爭論，如何少說話，這使我得到了許多的好處。」

5. 完善自己的語言表達技巧，讓自己的語言更有吸引力

實際上，恰當的語言技巧並不需要單獨列出來，因為在所有的說話當中，都需要注意運用語言技巧。

很多推銷員在推銷的時候顯得興致不高，這直接導致了他們的失敗。他們的話顯得平淡無奇，對顧客沒有足夠的吸引力，甚至使顧客產生反感，這指的是他們聲

音的語調、語速以及其他聲音元素。

而在需要有技巧地表達自己意見的時候，他們也並不讓人滿意。他們喜歡直來直往，而不喜歡運用語言的裝飾。老實說，雖然由於職業原因要求他們更加能說會道，但是事實上並非如此。因此，對這些沒有語言表達技巧的推銷員的忠告是要完善自己的語言表達技巧，這是你成功的一個重要因素。

精心打造第一句話，以獨特的方式吸引客戶注意

精心打造好你的第一句話。
一開場就使客戶瞭解自己的利益。
以獨特的方式去吸引顧客的注意。

每當我們接觸客戶的時候，時常會發現客戶仍在忙著其他的事情，而在這個時候，如果我們不能在最短的時間內，用最有效的方法來突破客戶的這些抗拒，讓他們將所有的注意力轉移到我們身上，那麼，我們所做的任何事情都是無效的。唯有

當客戶將所有注意力放在我們身上的時候，才能夠真正有效地開始我們的銷售過程。

如何引起顧客的注意力呢？

開場白很重要，能不能吸引顧客注意，關鍵在於開場白。

很多推銷員都會精心打造好他們的第一句話。專家們在研究推銷心理時發現，洽談中的客戶，在剛開始的三十秒鐘所獲得的刺激信號，一般比以後十分鐘裡所獲得的要深刻得多。在不少情況下，推銷員對自己的第一句話處理得往往不夠理想，有時廢話甚多，根本沒有什麼作用。比如人們習慣用的一些與推銷無關的開場白，「很抱歉，打攪你了，我……」、「喲，幾日不見，你又發福啦！」、「你早呀，大清早到哪兒去呀？」、「你不想買些什麼回去嗎？」在聆聽第一句話時，客戶集中注意力而獲得的只是一些雜亂瑣碎的資訊刺激，一旦開局失利，以下展開推銷活動必然會困難重重。

一位櫃檯前的推銷員正在賣皮鞋，他對從自己櫃檯前漫不經心走過的顧客說了一句：「先生，請當心摔跤！」顧客不由得停了下來，看看自己的腳面，這時推銷員趁機湊上前去，對客戶會意一笑：「你的鞋子舊了，換一雙吧！」、「這雙鞋子式樣過時了，穿著挺彆扭的，我這兒有更合適的皮鞋，請試試看。」

還有，一位遠道而來的推銷商與客戶洽談交易，為了吸引對方的注意，他很喜歡用這樣一句話來開始介紹他所推銷的產品：「說真的，我一提起它，也許你會不耐煩而把我趕走的。」這時，客戶自然會做出如下反應：

「噢？為什麼呢？照直說吧！」

不用多說，對方的注意力已經一下子集中到以下要講的話題上了。

開始即抓住客戶注意力的一個簡單辦法，是去掉空泛的言辭和一些多餘的寒暄。為了防止客戶走神或考慮其他問題，在推銷的開場白上多動些腦筋，開始幾句話必須是十分重要而非講不可的，表述時必須生動有力，句子簡練，聲調略高，語速適中。講話時目視對方雙眼，面帶微笑，表現出自信而謙遜、熱情而自然的態度，切不可拖泥帶水、支支吾吾。一些推銷高手認為，一開場就使客戶瞭解自己的利益所在，是吸引對方注意力的一個有效思路。

許多推銷員在接觸潛在客戶的時候都會有許多的恐懼，不論我們接觸客戶的方式是電話或面對面地接觸，每當我們剛開始接觸潛在客戶的時候，大部分的結果都是以客戶的拒絕而收場。

接觸潛在客戶是必須要有完整計畫的，每當我們接觸客戶時，我們所講的每一句話，都必須經過事先充分的準備。因為每當我們想要初次接觸一位新的潛在客戶時，他們總是會有許多的抗拒或藉口。他們可能會說「我現在沒有時間，我不需要……」等藉口，客戶會想盡辦法來告訴我們他們不願意接觸我們。所以接觸潛在客戶的第一步，就是必須突破客戶這些藉口，因為，如果無法有效地突破這些藉口，我們永遠沒有辦法開始我們產品的銷售過程。

假設你在迅捷電子公司工作，該公司剛剛推出一種新款資料機，其速度之快，遠遠超過市場上同類產品。這種產品的零售價為兩千美元。

你登門拜訪凱薩琳。她是一家市場調查公司的老闆，雇有兩名職員，透過國際網路來進行他們大部分的研究。你向她展示公司的新產品後，開口說道：

「凱薩琳，我們的新產品速度很快吧！」

「老天，我真想買！可是現在我實在無力添購新配備，我的員工一直加班，但還是忙不過來，我得趕快找個兼職的員工來幫忙。」

「可是這台資料機的速度真的很快喔！」

「但我真的買不起……」

你的開場白蠢透了，不是嗎？你只想著如何介紹商品的特點，卻沒有嘗試設法解決顧客的困擾。換種方式試試：

「老天，我真想買！可是現在我實在無力添購新配備，我的員工一直加班，但還是忙不過來，我得趕快找些兼職的員工來幫忙。」

「哇，那要花你多少錢呢？」

「大約一年要多花一萬多美元吧！」

「那個兼職員工每週得來多久時間？」

「大概十五個小時吧。」

「讓我算算看，我們的新產品比你們現在用的款式速度快三倍，能讓你的員工每人每天節省兩小時。也就是說，兩人一天可節省四小時，一星期共可節省二十小時。這樣看來，你根本不需要另外聘請兼職人員，對吧？」

「嗯。你說這玩意兒一個兩千美元？」

「對呀，你投資四千美元購買兩台新型資料機，一年下來還能節省九千美元呢！」

從顧客的利益角度出發，提起對方注意的可能性較大，因為你所說的是他當下最關心的事。

即興的靈感總是少有的，因此在推銷之前，做好應有的各項準備，包括你的思維，要懂得時時創新。

有一個銷售安全玻璃的推銷員，他的業績一直都維持在北美整個區域的第一名。在一次頂尖推銷員的頒獎大會上，主持人說：「你有什麼獨特的方法來讓你的業績維持頂尖呢？」他說，「每當我去拜訪一個客戶的時候，我的皮箱裡面總是放了許多截成十五公分見方的安全玻璃，我隨身也帶著一個鐵錘，每當我到客戶那裡後我會問他，『你相不相信安全玻璃？』當客戶說不相信的時候，我就把玻璃放在他們面前，拿錘子往桌上一敲。每當這時候，許多客戶都會因此而嚇一跳，同時他們會發現玻璃真的沒有碎裂開來。然後客戶就會說：『天哪，真不敢相信。』這時候我就問他們：『你想買多少？』直接進行締結成交的步驟，而整個過程花費的時間還不到一分鐘。」

當他講完這個故事不久，幾乎所有銷售安全玻璃的推銷員出去拜訪客戶的時候，都會隨身攜帶安全玻璃樣品以及一個小錘子。

但經過一段時間，他們發現這個推銷員的業績仍然維持第一名，他們覺得很奇怪。在另一個頒獎大會上，主持人又問他：「我們現在也已經做了和你一樣的事情了，那麼為什麼你的業績仍然能維持第一呢？」他笑一笑說：「我的秘訣很簡單，我早就知道當我上次說完這個點子之後，你們會很快地模仿，所以自那時以後我到客戶那裡，唯一做的事情是我把玻璃放在他們的桌上，問他們：『你相信安全玻璃嗎？』當他們說不相信的時候，我把玻璃放到他們的面前，把錘子交給他們，讓他們自己來砸這塊玻璃。」從頭到尾這個金牌推銷員都在思考，該以怎樣獨特的方式去吸引顧客的注意，這就是他為什麼一直保持領先地位的原因。

每一位客戶都不希望討論無趣的話題

在拜訪之前先收集有關情報，盡早找出共同的話題。客戶感興趣的東西，推銷員都要懂一些。審時度勢，避免正面推銷。

推銷通常是以商談的方式來進行，推銷員和客戶這樣的對話情形，顯得太過嚴肅，無法達到很好的溝通效果。事實證明，推銷員和客戶的對話中如果沒有趣味性、共通性是行不通的，而且通常都是由推銷員迎合客戶。倘若客戶對推銷員的話題沒有一點興趣，彼此的對話就會有中斷的危險。

推銷員為了要和客戶之間培養良好的互動，最好盡早找出共通的話題，在拜訪之前先收集有關的情報，尤其是在第一次拜訪時，事前的準備工作一定要充分。總之，詢問是絕對少不了的，推銷員在不斷地發問當中，很快就可以發現客戶的興趣。

例如，看到陽臺上有很多的盆栽，推銷員可以問：「你對盆栽很感興趣吧？假日花市正在開蘭花展，不知道你去看過了沒有？」

看到高爾夫球具、溜冰鞋、釣竿、圍棋等，都可以拿來作為話題。

對異性的流行、興趣和話題，也要多多少少知道一些，總之最好是無所不通。打過招呼之後，談談客戶深感興趣的話題，可以使氣氛緩和一些，接著進入主題，效果往往會比一開始就立刻進入主題來得好。

天氣、季節和新聞也都是很好的話題，但是大約一分鐘左右就談完了，所以很難成為共通的話題。

關鍵在於客戶感興趣的東西，推銷員多多少少都要懂一些。要做到這一點必須靠長年的積累，而且必須靠不懈地努力來充實自己。

推銷員是和人打交道的，而不是與一台電腦或其他什麼機器交涉。不懂得人的心理，就不可能做好推銷這個行業。

被推銷者通常對推銷者敬而遠之，心存疑慮，說得不客氣，是深惡痛絕，這是劣質推銷文化造成的。經驗豐富的人甚至練出了拒絕推銷的高招，擬好各種各樣的藉口和理由，準備給膽敢來犯的推銷員當頭一棒。聰明的推銷員會審時度勢，有時候避免正面推銷，從對方意想不到的角度切進去。那就是：投其所好。

日本推銷之神原一平對打消客戶的疑惑，有一套獨特的方法。

「先生，您好！」

「你是誰啊？」

「我是明治保險公司的原一平，今天我到貴地，有兩件事專程來請教您這位附近最有名的老闆。」

「附近最有名的老闆？」

「是啊！根據我打聽的結果，大夥兒都說這個問題最好請教您。」

「哦！大夥兒都說是我啊！真不敢當，到底什麼問題呢？」

「實不相瞞，是如何有效地規避稅收和風險的事。」

「站著不方便，請進來說話吧！」

突然地推銷，未免顯得有點唐突，而且很容易招致別人的反感，以至於被拒絕。先拐彎抹角談些顧客感興趣的話題，這絕對是他的軟肋。誰會忍得住不在自己感興趣的事情上插上幾句呢？局面就這樣打開了。

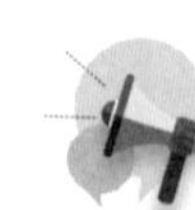

注意觀察客戶言行，靈活掌控局面

你推銷的目的是想把自己的產品賣出去。不論你怎麼和顧客談，都應該使談話朝這個方向發展。顧客的言行是你應變的根據，注意觀察顧客的舉動，你才能做到靈活應變。

一個成功的推銷員，在推銷的過程中，即使會遇到各種問題，他們也會機智而妥善地進行處理，正是這種能力，決定了推銷員的業績和成敗。機智不僅僅是一種智力，更多的時候是一些推銷方法。

1. 察言觀色，採取靈活措施

很多推銷員在推銷產品的時候，依照自己預先設想的推銷辦法照本宣科，根本不顧對方的反應，他好像在對著牆壁發表演講一樣。

在推銷的過程中，必須隨時注意顧客的言行，以及讀懂各種言行的「隱語」。你必須首先瞭解這些隱語，才能採取必要的措施。

2. 轉移顧客的注意力，以退為進

把談話的重點轉移到顧客身上。這種轉移法的作用在於分散對方的注意力，使對方專注的焦點發生轉變，使拒絕不再激烈。

約翰決定再次走進亨利的辦公室，希望能夠說服對方購買自己公司的汽車，在此之前，他已經試過一次了，卻遭到了失敗。當他走進亨利辦公室的時候，亨利對他吼道：

「你又來做什麼呢？我已經說過我不會買你們公司的汽車了。」

約翰沒有想到亨利會這麼毫不客氣地拒絕他，這使得他格外吃驚。但是他馬上反應過來了，他對亨利說：「我並不是來向你推銷汽車的。我只是聽說你年輕的時候也曾經做過推銷員，並且取得了很大的成功，我打算向你請教推銷的技巧。」

亨利感到很驚訝，但是顯得很高興。於是，他跟約翰談起了他的一些經驗和看法，一直到約翰起身離開的時候才結束。最後亨利對約翰說：「你們公司的汽車品質的確很好，你下次過來的時候，請把一些汽車的資料給我帶過來吧，我想看看。」

3. 遇到問題要做到隨機應變，靈活掌控推銷局面

一個推銷員正在向顧客推銷鋼化酒杯。一開始，他向大家介紹了產品的特點，然後打算進行一次演示：把鋼化酒杯扔在水泥地板上卻不碎，以此來說明酒杯和一般杯子的區別。不幸的是，他恰好拿了一支品質不合格的酒杯，當他把它扔在地上的時候，杯子一下就摔碎了。這種情況他以前從未遇到過，完全出乎他的意料，那些顧客則開始交頭接耳，討論起酒杯的品質來。

「你們看，」一會兒，這位聰明的推銷員就恢復了鎮定，他說道，「我是不會將這種酒杯賣給大家的，我要給大家看的是另外的一些……」

接著，推銷員又扔了五、六個酒杯，一個都沒有碎。這樣，推銷員又成功地博得了顧客的信任。在推銷的時候利用發生的意外事件，因勢利導，靈活掌控局面，就會收到你意想不到的效果。

4. 化不利因素為有利因素，巧妙順著顧客的話題

顧客有時候評論推銷員的產品具有某種致命性的缺點，而這種缺點可能會影響

他的選擇，必須想辦法找出話題的模糊性，重新定義這個缺點。

有一位推銷員在推銷衣服的時候，顧客評論道：「品質的確不錯，但是樣式可能比較老了。」推銷員道：「的確如此，不過很多顧客很喜歡這種經典的樣式。你穿上它也一定很得體。」「真的嗎？那讓我試試看！」生意迅速成交。就這樣，他巧妙地把不利的因素變成了有利的因素。

善用巧妙的提問引起客戶的興趣

推銷的成功與否都是以提問開始的，懂得發問的人才能掌握全域。
提問是瞭解客戶心理需求的最直接和有效的方式。
瞭解顧客的心理需求是成功推銷的第一步。

在研究推銷技巧的過程中，成功的推銷人員都喜歡用提問的方法來讓客戶購買自己的產品。他們深信這樣一個道理：懂得發問的人掌握全域。有些推銷員在他的全部對話中，自始至終都穿插提問，牢牢地掌握推銷的主動權。

既然提問對推銷來說的確很重要，那麼，如何用提問來引起客戶的興趣呢？

很多推銷員總喜歡在客戶面前喋喋不休，他們生怕遺漏了自己所做推銷計畫的任何一個細節。他們很顯然地忽視了一個問題，即他們的顧客對他們所說的東西毫無興趣，或者他們發現了這一點，卻也無能為力。結果是，通常情況下，還沒有等到他們把自己的話說完，客戶早已經不耐煩地把他們趕了出去，他們一開始就做錯了。

只有在一開始就吸引住客戶的興趣，才能進行接下來的工作，否則還是不要繼續的好。有一個十分簡單的方法，可以成功地吸引客戶的興趣，那就是向你的客戶提出一個他感興趣的問題。發問有助於你和客戶之間建立相互信任的關係，並且使他們對你的產品產生濃厚的興趣。

具體來說，一個正確的問題對吸引客戶興趣的作用，主要表現在以下方面。

告訴對方自己正受到重視。當你問了對方一個問題，這證明你很關心他。同時告訴了對方，這次推銷的關鍵點不在推銷員，不在產品的好壞，而在客戶自己。

讓談話更加自然。以問答的形式進行談話，絕對比事先準備的推銷計畫更加自然。在一般人的眼中，推銷員是一些奸詐的、唯利是圖的小人。通過對客戶的關心，把你的誠信展現出來。我們知道，客戶對我們的印象的轉變，將使你和客戶之間的關心更加密切，也更加有利於客戶在一個自然的環境中下定決心。

如何讓自己掌握提問的技巧，從而吸引住顧客的興趣？要從以下方面入手。

1. 以提問的方式瞭解客戶的需求

作為推銷員，我們提問的內容以及目的，就是為了瞭解客戶的需求，而你提問題的前提也是瞭解他的需求。也就是說，根據已經掌握的資訊，通過提問來瞭解更多的資訊。你可以根據已有的資訊設計一些問題，比如知道他喜歡打高爾夫，進一步瞭解他為什麼喜歡打，什麼時候打，以及和誰打等等之類的問題。

你要真正關心你的客戶，瞭解他的需求是為了盡量去想辦法滿足他的需求，這樣他才會願意滿足你的需求，達到推銷成功的目的。

2. 盡量提問與產品相關的問題，提問要有很強的針對性

在提問時，最好使你的提問跟自己的產品結合起來。當然，這種結合不要過於明顯，否則顯得太具有目的性。但也不能問一些與推銷無關的事情，比如，你想向他推銷保險，卻問起他是否喜歡讀書，這種問話並沒有實際意義。

你應該知道顧客並不希望進行太長時間的談話，長時間的談話會使顧客感到厭煩、鬱悶，從而拒絕購買你的產品。因此你必須對談話時間盡量壓縮，使你的問話具有更強的針對性。應該在更短的時間裡，獲得更多有效的資訊。

3. 委婉地表述問題，要顧及消費者的自尊

汽車推銷員為了瞭解一個婦女的年齡，第一個推銷員問她：「請問你的出生日期是……」這位推銷員沒有意識到他這樣問會引起婦女的不滿，讓她感到這是個人隱私問題。第二個推銷員則比較小心地處理了這類敏感問題，他問道：「這份汽車登記表上需要你填上你的年齡等問題，一般人都喜歡填寫大於自己實際年齡一歲，你會怎麼做呢？」結果婦女非常高興地把自己的年齡告訴了他。

表述問題的時候，要針對不同的人和場合而有所不同。重要的是考慮到顧客的心理，千萬不要對顧客產生傷害。否則，你所有的努力都將徒勞無功，因為一句不當的提問而使你前功盡棄，是非常令人遺憾的。

另外，還需要注意的是提問的時機。不一定要在開始的時候提問，你可以靈活地把握合適的時機。你可以在一開始就提出問題，也可以在你們談話進行一段時間

之後再提問題。這個靈活掌握即可。

用你的情緒感染客戶，打消對方疑慮

針對顧客的需求進行說服。
用事實說話，這樣才能令人信服。
用你的情緒去感染你的顧客，才能達到說服效果。
有針對性地打消對方的疑慮。

對推銷員來說，說服顧客購買你的產品，是衡量一個推銷員能力的最基本要素。我們在推銷過程中，常常會遇到顧客因為價格而拒絕購買的問題，價格問題可以說是特別令人頭疼的。顧客往往想要以最低的價格買到最好的產品，而公司卻希望以最高的價格把產品賣出去。當顧客說「這太貴了」的時候，一般的推銷員都會告訴對方，這已經是公司能夠給出的最低價格了，結果顧客總是搖搖頭走開，推銷以失敗宣告結束，這是非常令人遺憾的。那麼，如何運用勸服技巧轉敗為勝，讓顧客購買你的產品呢？

齊格勒曾經推銷過一種不銹鋼鍋，這種鍋非常結實耐用，所有的顧客在聽完他的介紹後，都認為這個鍋的品質的確很好，只是它的價格太高了。

「價錢太高了，」顧客都這麼說，「比起一般的鍋，它起碼要貴兩百美元。」

「的確如此，」齊格勒說，「我們的鍋比一般的鍋就是貴一些。先生，你認為這種鍋能夠用多久呢？」

「它的品質的確不錯，應該是永久不破吧？」

「你確實想用十年、二十年、三十年嗎？」

「我想它能夠用那麼久。」

「那麼，」齊格勒說，「我們假設你能夠用十年，也就是說，它每年多花二十美元。是這樣嗎？」

「的確如此。」

「那麼每個月呢？」

「如果是那樣的話，每個月就是一美元七十五美分。」

「請問你太太一天做幾次飯呢？」

「一般來說，兩、三次。」

「一個月至少是六十次，是嗎？這樣一來就很清楚了。在每頓飯上，你只不過多花了三美分而已。三美分對品質如此好的鍋而言，應該不算是太多吧？」

「一點也沒錯。」

齊格勒的說服方法的確很有效，本來價錢高出一般鍋很多的鍋，被他非常巧妙地說成其實一點兒都不貴。在這種情況下，顧客很容易被他打動，購買他的鍋。

對推銷員而言，說服力是十分重要、甚至可以說是決定性的因素。實際上，我們可以把說服當作一場競賽，即是推銷員和顧客、其他推銷員之間的說服競賽：顧客想要你相信他的觀點，比如買不起、不需要、你的產品不好，而別的推銷員則試圖說服顧客相信，他的產品和服務比你的要好，對顧客來說更加合適。而你的任務就是說服顧客和其他推銷員相信，你的產品對顧客來說是最合適的。

要做到這一點當然很難。不過，像大多數看上去很難的事情一樣，只要你掌握了正確的方法，再難的事情也會變得很簡單。關鍵是你要運用自己的技巧和方法去達到你說服的目的，具體而言，說服的方法和技巧是這樣的：

1. 不要誇大其詞，要用事實說話

推銷員在進行說服工作的時候，一定要做到讓事實說話。要依靠產品本身和自己合適的邏輯來加以說明，讓顧客接受你的觀點。對推銷來說，最重要的一點是與顧客建立一種信任。

很多推銷員都喜歡把自己的產品說得天花亂墜，跟實際情況相差很遠，有時候連自己都未必相信自己所說的東西，更不用說那些顧客了。任何情況下，都不要企圖用詭辯和自己的臆測來說服顧客。不要誇大其詞，根據事實說話，以理服人，這才是說服顧客的正確方法。

一些推銷員常犯的一個毛病是，認為自己的嗓門越大，話說得越多，在說服中就越佔優勢，事實並非如此。

2. 滿足顧客的需求比產品本身更重要，產品是更有力的說服

有經驗的推銷員一再告誡那些推銷員新手，不要對顧客說你的產品有多好，而要看你的產品能夠滿足對方什麼需求。把你的產品價格、品質、特色跟顧客的需求結合起來，這樣才是正確的推銷方法。

只有當你表示能夠滿足顧客的需求，顧客才會有可能聽你講下去，才有可能被你說服。首先，滿足顧客的心理需求。在你推銷的過程中，對顧客始終保持應有的尊重，以顧客為中心，不斷對他進行讚美，在行為上對他很有禮貌，認真地傾聽他

的說話，這都是滿足他的心理需求的重要方法。其次，告訴顧客你的產品能夠滿足對方的某一種物質需求，並且針對這種結合點進行恰當的發揮，對方會很容易被你說服。

3. 用極富感染力的語言說服顧客購買

推銷是一種人與人之間的交流，因此，應該使你的推銷具有十足的人情味。那句商業箴言：「顧客就是上帝」，在某個程度上來說，就反映了顧客和推銷員之間存在的天然聯繫。它除了是一種物質上的利益關係以外，還表達了某種情感關係。

推銷員應該對自己的產品充滿信心，對推銷工作充滿熱情，在推銷的過程中，把自己熱情自信的一面展現出來。你應該用一種富有感染力的語言來說服對方，這種語言本身就具有一種說服作用，它能夠表達比語言更多的內容。事實證明，具有煽動性的語言有很強的說服效果。

4. 樹立你良好的專業、權威形象

作為一名推銷員，你必須讓你的顧客感受到，對這件商品和與商品涉及的諸多領域而言，你更加有發言權，因而也更加可信。你是這個領域的專家，任何人，不

管他的知識有多豐富，也比不上你對這個領域的熟悉程度。你要讓自己建立一種權威的形象。如果你對自己的產品顯得很陌生，顧客很難相信你介紹的東西是否正確。當他們失去這種信任的時候，你再說什麼也是於事無補。

因此，不管事實如何，都要顯示出你很專業。不要說「這個產品也許很適合你的皮膚」，或者「它應該不會損傷你的皮膚」等不確定的話，就算你自己不敢肯定，但是至少應該表現出來你很有把握，這是必須的。

5. 有針對性地打消顧客的疑慮

要充分瞭解對方的恐懼或疑惑，針對性地進行說服。顧客之所以不買你的產品，多半是因為心存疑慮。通過問話的方式或者通過觀察得到的資訊，來瞭解別人的疑慮，如果對方並沒有說出來，你可以設想他可能存在的疑慮。用確鑿無疑的證據消除對方的疑慮，打消他的擔心，這樣你就掃除了顧客購買產品的心理障礙。

欲擒故縱，應對顧客的拒絕並不難

不要害怕被拒絕，要學會應對拒絕。
成功之道不是刻意推銷產品，而是打動人心。
有時拒絕也是一次機遇。

作為推銷員被客戶拒絕是常有的事，也是推銷成功的最大阻礙。有的客戶非常冷漠，一見是推銷人員上門，就冷眼相對，絲毫不給推銷員說話的機會。那麼，怎樣打開這種吃閉門羹的局面呢？

克納弗向美國一家興旺發達的連鎖公司推銷煤的經歷，給了我們很大的啟發。這家公司的經理彷彿天生討厭克納弗，一見面，就毫不客氣地呵斥道：「走開，別打擾我，別指望我買你的煤，我永遠不會買你的煤！」

這位經理連開口的機會都不給他，克納弗先生感覺臉上因被拒絕而火辣辣地發燙。但是，他告訴自己不能放過這個機會，於是趕緊搶白說：

「經理先生，請別生氣，我不是來推銷煤的，我是來向您請教問題的。」接著，他誠懇地說：「我參加了個培訓班的辯論賽，經理先生，我想不出有誰比您更瞭解連鎖公司對國家、對人民所做出的巨大貢獻。因此我特地前來向您請教，請您幫我一個忙，說說這方面的事情，幫我贏得這場辯論。」

克納弗的話一下子引起這位連鎖公司經理的注意，他對展開這樣一場辯論，既感到驚訝，又極感興趣。對經理來說，這是在公眾面前樹立連鎖公司形象的大是大非問題，事關重大，他必須為克納弗先生提供有力的證據。他看到克納弗先生如此熱情、誠懇，並將自己作為公司的代言人，非常感動。他連忙請克納弗先生坐下來，一口氣談了一小時四十七分鐘。

這位經理堅信連鎖公司「是一種真正為人類服務的商業機構，是一種進步的社會組織」，他為自己能夠為成千上萬的人民大眾提供服務而感到驕傲。當他敘述這些時，竟興奮得面頰緋紅、雙眼閃著亮光。

當克納弗先生大有收穫，連聲道謝起身告辭的時候，經理起身送他。他和克納弗並肩走著，並伸過臂膀扶搭著克納弗的肩膀，彷彿是一對親密無間的老朋友。他一直把克納弗送到大門口，預祝克納弗在辯論中取得勝利，歡迎克納弗下次再來，並希望把辯論的結果告訴他。

這位經理最後的一句話是：「克納弗先生，請在春末的時候再來找我，那時候我們需要買煤，我想下一張訂單買你的煤。」克納弗先生做了些什麼？他根本沒提推銷煤的事，他只不過是向經理請教了一個問題，為什麼會得到這麼美滿的結果呢？

答案很簡單，那就是克納弗先生抓住了客戶最感興趣的話題，這就是他畢生為之奮鬥、彌足珍貴的事業。克納弗先生對此感興趣，參與其事，就成了那位經理志同道合的朋友。當一個人被另一個人當成朋友看待時，理所當然地會受到關照。有時候，商業上的成功之道不是刻意推銷，而是打動人心。要打動人心就要找到對方最感興趣的話題，對推銷而言，有時拒絕也是一次機遇。

恰當把握談話分寸，
成功學會溝通高手深諳的

說話藝術

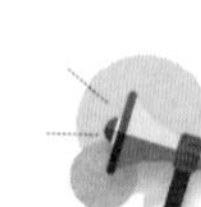

布朗定律：找到打開對方心鎖的鑰匙

找到別人的心鎖是溝通的良好開端。知道別人最在意什麼，顧全對方的興趣，為聽者著想。探出對方興趣作為談話的焦點。

布朗定律是指一旦找到了打開某人心鎖的鑰匙，往往可以反覆用這把鑰匙去打開他的某些心鎖。它是美國職業培訓專家史蒂文・布朗提出的。布朗定律告訴我們，找到別人的心鎖是溝通的良好開端，知道別人最在意什麼，別人的意願就會在你的把握之中。

在社交場合裡，你稍一留心，就可以看出許多人是可以分類的，分起類來，不外有三種：一、愛說話的；二、愛聽人說話的；三、看來不愛說也不愛聽的。第一類愛說話的人的特點是，你若稍稍用一兩句話逗起他，他便會一直說下去。你只要具備忍耐涵養的功夫，不管他說得有無趣味，仍能細細聽著，那麼他就大為滿意，甚至你一句話也不說，他也可能引你為知己。第二種愛聽不愛說的，這種人，對談話很感興趣，生性雖不大好說話，但卻愛聽別人說話，人到非不得已時，話以少說為佳，但如今碰到了對頭，你若不說，這局面就不易維持下去，那麼你就非小心從事不可了。第三種不愛說也不愛聽的人，這種人以自我為中心，對什麼都提不起興趣，和這種人進行溝通是非常困難的事。反過來講，這種人在社會上的交際圈子必定很小，因為他（她）很難贏得別人的好感和青睞。

不論對於哪一種人，你都必須掌握溝通的技巧，才能保證和他們的溝通順暢，打開對方的心鎖是溝通技巧中的重中之重。

和別人在進行溝通的過程中，你可以從頭到尾包辦了說話的義務，但要牢記，你是說給對方聽的，不是說給你自己聽的。因此，說話不在於僅圖自己痛快，而要顧全到對方的興趣，你要為聽者想。要探出對方的興趣，照例用幾個回合的對答就應該可以探出來，然後擇其感興趣的談下去。別人願意聽你的談話，大概是因為你有某一種值得聽聽的議論，或因你剛從某地旅行回來，或因你的事業經驗值得注意，或因你知道了一些特殊的新聞，或因你對於某一問題具有獨特的見解，所以他才願意耐心地聽你說。當你探出他興趣的焦點，就可以一直談下去。

美國耶魯大學的威廉·費爾浦斯教授，是個有名的散文家，他在散文《人類的天性》中寫道：

在我八歲的時候，有一次到莉比姑媽家度週末。傍晚時分，有個中年人慕名來訪，但姑媽好像對他很冷淡。他跟姑媽寒暄過一陣之後，便把注意力轉向了我。那時，我正在玩模型船，而且玩得很專注。他看出我對船隻很感興趣，便滔滔不絕地講了許多有關船隻的事，而且講得十分生動有趣。等他離開之後，我仍意猶未盡，一直向姑媽提起他。姑媽告訴我，他是一位律師，根本不可能對船隻感興趣。「但是，他為什麼一直跟我談船隻的事呢？」我問道。

「因為他是個有風度的紳士。他看你對船隻感興趣，為了讓你高興並贏取你的好感，他當然要這麼說了。」

馬里蘭州的愛德華・哈里曼，退伍之後選擇了風景優美的坎伯蘭谷居住，但在這個地區很難找到工作。哈里曼通過查詢得知一位名叫方豪瑟的企業家，控制了附近一帶的企業。這位白手起家的方豪瑟先生引起了哈里曼的好奇心，他決定去造訪這位難以接近的企業家。哈里曼如此記載了這段經歷。

通過與附近一些人的交談，我知道方豪瑟先生最感興趣的東西是金錢和權力。他聘用了一位極忠誠而又嚴厲的秘書，全權執行不讓求職者接近的任務。之後我又研究了這位秘書的愛好，然後出其不意地去到她的辦公室。這位秘書擔任保護方豪瑟的工作已有十五年之久。見到她後，我開門見山地告訴她，我有一個計畫可以使方豪瑟先生在事業和政治上大獲其利，她聽了頗為動容。接著，我又開始稱讚她對方豪瑟先生的貢獻。這次交談使她對我產生了好感，隨後她為我定了一個時間會見方豪瑟先生。

進到豪華巨大的辦公室之後，我決定先不談找工作的事。那時，方豪瑟先生坐在一張大辦公桌後面，用如雷的聲音問道：「有什麼事，年輕人？」我答道：「方豪瑟先生，我相信我可以幫你賺到許多錢。」他立刻起身，引我坐在一張大椅子上。我便列舉了好幾個想好的計畫，都是針對他個人的事業和成就的。果然，他立刻聘用了我。二十多年來，我一直在他的事業裡與他共同成長。

掌握「見面熟」的訣竅，贏得陌生人的好感

掌握「見面熟」的訣竅。
善於觀察，主動發現陌生人的興趣愛好。

在我們的一生中，經常遇到這種情況：不得不和陌生人打交道。打破與他們之

間的界限，消除無形的隔膜，順利地把自己的意見和思想傳達給他們，使他們能欣然接受，並贊成擁護，甚至把他們變成自己的朋友，要做到這些，絕對需要一定的溝通智慧。

威爾遜剛當選紐澤西州州長後不久，有一次赴宴，主人介紹說他是「美國未來的大總統」，這本來是對他的一種恭維，而威爾遜又是怎樣回應的呢？首先威爾遜講了幾句開場白，之後接著說：「我轉述一則別人講給我聽的故事，我就像這故事中的人物。在加拿大有一群釣魚的人，其中有一位名叫詹森，他大膽地試飲某種烈酒，並且喝了很多。結果他們坐火車時，這位醉漢沒坐往北的火車，而錯搭往南的火車了。其他人發現後，急忙打電報給往南開的列車長：『請把那位叫詹森的矮人送到往北開的火車上，他喝醉了。』詹森既不知道自己的姓名也不知道目的地是哪兒。我現在只確定知道自己的姓名，可是不能如你們所說的一樣，確實知道自己的目的地是哪兒。」聽眾哈哈大笑。威爾遜接著又講了一個很滑稽的故事，使聽眾們的心情非常愉快。從此，大多數人都成了威爾遜的好朋友，威爾遜也因他和陌生人交談的口才而名聲大振。

佛蘭克林・羅斯福剛從非洲回到美國，準備參加一九一二年的參議員競選。因為他是希歐多爾・羅斯福的侄子，又是一位有名的律師，自然知名度很高。在一次宴會上，大家都認識他，羅斯福卻不認識所有的來賓。同時，他看得出雖然這些人都認識他，然而表情卻顯得很冷漠，似乎看不出對他有好感的樣子。

羅斯福想出了一個接近這些自己不認識的人，並能同他們搭話的主意，於是他對坐在自己旁邊的陸思瓦特博士悄聲說道：「博士，請你把坐在我對面的那些客人的大致情況告訴我，好嗎？」陸思瓦特博士便把每個人的大致情況告訴了羅斯福。

瞭解了大致情況後，羅斯福藉口向那些不認識的客人提出了一些簡單的問題，經過交談，羅斯福從中瞭解到他們的性格特點和愛好，知道了他們曾從事過什麼事業，最得意的是什麼。掌握這些後，羅斯福就有了和他們交談的話題，並引起了他們的興趣。在不知不覺中，羅斯福便成了他們的新朋友。

一九三三年，羅斯福當上了美國總統，他依然採取和不認識者「一見如故」的溝通技巧。美國著名的新聞記者麥克遜，曾經對羅斯福總統的這種「見面熟」評價道：「在每一個人進來謁見羅斯福之前，關於這個人的一切情況，他早已瞭若指掌。大多數人都喜歡順耳之言，對他們做適當的頌揚，無異於讓他們覺得你對他們的一切事情都是知道的，並且都記在心裡。」

當今世界人際交往極其頻繁，參觀訪問、調查考察、觀光旅遊、應酬赴宴、交涉洽商……善於跟素昧平生者打交道，掌握「見面熟」的訣竅，不僅是一件快樂的事，而且對工作和學習大有裨益。那麼，如何才能做到「見面熟」呢？

第一次和別人打交道時，雙方都不免有些拘謹，有層隔膜。如果能有人主動、大方地打破這層隔膜，對方也能很快地融入進來，這種假的「一見如故」在雙方看來，就變成真的一見如故了。很多時候我們只和一些人「擦肩而過」，但世界如此之小，在社會中生存的我們，說不定什麼時候就會需要他們的幫助。到那時，你過去跟他「一見如故」的交往，會給你帶來豐厚的回報。

當你有機會預先知道你將遇見一位陌生人，你就要預先向你們雙方都認識的朋友們探聽一下對方的情形，關於他的職業、興趣、性格、過去的歷史等，你能夠知道得越詳細越好。不過，在其中的某些方面，你要提防，你的朋友或許對這位你將認識的人有偏見。當你走進那位陌生者的住所時，你要能夠善於觀察，看看能不能找到一些線索，使你對於他瞭解得更多一點。

在主人家的牆上，常常會找到瞭解對方的線索。要知道那牆上的東西，不同那些笨重的桌椅傢俱。一般家庭的傢俱，往往不是完全根據主人的品味購置的，也不是隨時可以更換的東西。可是牆上、桌子上、窗臺上那些裝飾、擺設，卻常常展示著主人喜愛的情調、興趣的中心。如果你能把這些當作一條線索，不僅可以由此深入主人心靈的某一方面，同時也可能使你自己對人生、對世界增多一些見識。只要你能加以留心，在你所到過的別人房間裡面，無論是新交的，還是舊識的，你都可以發現主人的精神世界裡許多寶貴的東西。只要你能夠欣賞這些寶貴的東西，你不但可以交到無數的親切溫暖的好友，在你本來認為平庸無奇的人身上發現許多值得你同情的品德，而且也會使你自己的心胸日益開闊，使你自己的人生日益豐富起來。

牆上掛著什麼畫呢？是什麼畫家的畫呢？如果牆上掛的是些攝影，你能不能因此揣測對方是一個攝影的愛好者呢？如果他掛的是自己的傑作，你能不能因此曉得他對攝影的技術修養和愛好情趣？如果他所攝的景物不是本地的風光，是否可以從中瞭解一下他過去的「蛛絲馬跡」呢？他會告訴你這是他在何地拍攝的，往往因此會引起一段主人最有興趣、最想讓別人知道的故事，也會引起一段極愉快、極投機的談話。

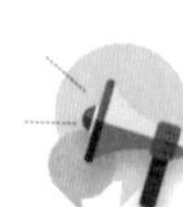

做好六個步驟，讓你的表達更清晰

實際說話可能更加複雜，
這六個步驟可以根據需要變換順序。
最重要的是把表達的意思說清楚，
而不是一定要遵照方法。

我們在表達意思的時候，要注意按照一定的步驟去做。這樣做不僅能夠使你有話可說，把話說清楚，而且能夠使對方對你的話印象深刻。

大致而言，我們在表達意思的時候，需要按照這六個步驟去進行。

1. 用簡潔有力的語言表達你的意思

我們的時代是一個生活快節奏的時代，因此，說話的人切不可再沉溺於那種冗長、閒散的緒論之中，而應在結束適當的開場白之後，開門見山地把你的意思說出來。現在的人們都很忙碌，他們希望說話的人能夠以非常直率的語言、一針見血地指出他想要表達的意思，而不是以他的主題來設置懸念。他們覺得不必拐彎抹角地得到某種知識，而是已經習慣於那種消化過的新聞報導。他們希望聽到的話像麥迪遜廣場上那些廣告一樣——那些廣告藉助了招牌、電視、雜誌和報紙，通過一些簡潔有力的詞語，把發佈的資訊告訴人們。他們沒有耐心等你結束全部講話的時候，再去猜測你要講的究竟是什麼。因此，只有在一開始的時候，就告訴對方你要講的是什麼，這樣才能強調你所要表達的意思。

有些說話的人喜歡在一開始用那種陳詞濫調來引起對方的注意，這類話聽上去讓人覺得生厭。比如，如果想表達你的關心，你直接告訴對方：早上不吃早餐有損身體健康。

2. 巧用事例說明你的意思

當你說出了你想要表達的意思時，需要對你的意思進行適當地解釋和說明。你可以進行純粹理論上的說明，但更好的辦法則是運用實例去說明。這一步驟是對前一步驟的深化、詳述和說明，因為僅僅一句話是不能讓對方明白你的意思的，必須加以說明。

把自己要講的主題用一種實例的形式告訴對方，通過這個例子，你可以生動而又具體地說明想要向對方傳達的內容。當然，所舉的例子必須是足夠說明這個問題的。如果例子不合適的話，就會起到相反的說話效果。

3. 表達意思的理由

這個步驟對你來說十分重要，甚至可以說是最重要的。因為每個人都可以有他自己的觀點，重點在於你如何去說明、論證這個觀點。如果說「是什麼」是你的觀點的話，那麼「為什麼」就是它的原因。

卡內基訓練班的某位學員就「在寒冬開車需要更加小心」這個主題，在進行了許多說明後，又舉了下面這個例子：

「一九四九年冬天的某個早上，我帶著妻子和兩個孩子在印第安那州，沿著四十一號公路開車北上。那時候，車子在鏡片一樣的冰上緩慢地行駛，我小心翼翼地把著方向盤，因為一點兒小問題就會使整部車子失去控制。

我們的車子已經在冰上開了好幾個鐘頭之後，來到了一處較寬闊的馬路。這時候，路上的冰已經被太陽曬得融化了。因為趕時間，我踩動了變速器。其餘的車子都跟我一樣紛紛加速，每個人似乎都急著趕往芝加哥，孩子們則高興地在車子的後座唱起歌來。

忽然，馬路上的上坡處深入到一片林地。車子爬上坡之後，下坡的地方因為被林地的樹木擋住了陽光，那裡的冰還沒有融化。我意識到危險來臨了，想減速，但是已經來不及了。我前面的兩部汽車急劇地往下衝，我的車子也一樣。我們滑過路肩，停在了一處雪堤之上，幸運的是，車子並沒有翻。但是緊跟著我們滑行而下的車子，卻正撞在我的車子側面，車門被撞壞了，並且車窗玻璃也紛紛落在我們身上。」

怎麼樣？這段描述是否能夠說明他的觀點？答案是無疑的。因為他所舉的例子真實而又生動，這樣的例子正好是我們在論證的時候所需要的。

4. 完美表達你的意思

這個步驟是從對方的角度出發，更進一步地說明和解釋你的意思。也許對方會對你所說的話表示反對，並且提出幾條意見來反駁你。你最好在對方提出反對意見之前，主動想到他們可能會有的意見。

你要對你的意思進行自我否定，然後去說明這個否定是錯誤的，並且考慮錯在什麼地方，這樣才能使它更加可靠，對對方來說，它才會更加可信。經不住疑問的意見是不穩固的意見，並且很有可能就是錯誤的。當然，這種思考工作你必須在準備說話之前就已經做好了。

5. 站在對方的立場上來表達你的意思

許多推銷人員說明了他的產品有很多好處，但是似乎並沒有成功。這是因為，他說的固然有道理，但是跟顧客可能根本沒有任何關係。對對方而言，最重要的不是道理，而是這個道理跟他是否有關係。如果他得不到任何有益的東西的話，那麼他一定不會對它感興趣。因此，你有必要告訴他，你說的這個道理跟他有什麼關係。你最好是找一個最適當的理由來打動對方，並且讓他們不但同意你的意見，也會在這條意見的指導下去行動。

6. 切記，適當地重複不可少

有些人諷刺說：「在你結束說話之前，提醒一下那些已經睡著了的人們該醒醒了。」說話結尾的作用當然不是如此，但是如果真的有人睡著了，你強調一下你的意思，至少也能起到一定的作用。因為在現實中，即使你說得非常精彩，但是可能因為對方的才智、知識水準等問題，或者單單因為你說話的時間過長，你的主要觀點可能已經被他們所淡忘了。

因此，適當地重複能起到很好的溝通效果，對你對他人都有好處。不要嫌囉唆，這是有效溝通必不可少的一環，也是你有效地表達必不可少的步驟。

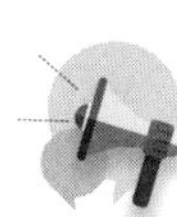

掌控情緒，有意識地避免十種錯誤

控制你的情緒，用理性的思維去說話。有效地進行和他人的溝通，存在的所有問題都會自然而然地得到解決。

在高效的溝通過程中，我們要避免一些可能經常犯的錯誤。這些錯誤只會使你和他人的溝通出現不愉快，進而影響到你們溝通的效果。下面簡單地介紹十種在溝通中常犯的錯誤。

錯誤1 盲目地評價別人

我們在碰到一件事情的時候，總是會給它下一個判斷、一個評價。而且在通常情況下，如果別人說出某一件事情的時候，我們總是急於說出自己的意見。我們總喜歡給別人一個「好」或者「不好」的評語，就好像我們的意見是絕對正確的一樣。或許我們希望通過評論別人來滿足自己的優越感和自尊，因為在我們評論別人的時候，首先就已經自認為取得了評價別人的資格。

任何人都反感對方採取一種高高在上的姿態。談話的地位是平等的，他可能跟你談的只是自己的一個問題，他告訴你，並不是因為他需要一個評價——即使這個評價他自己已經得出來了——而是對這個問題的解決，或者僅僅是陳述它而已。

當我們不得不發表自己的意見，對別人進行評價的時候，我們當然不應該隱瞞自己的意見。但是僅僅是「你是一個好人」或者「你真可愛」這類評價不會使對方滿意，因為這表示你對對方不那麼重視。因此，你要對他的優缺點進行具體的評價。我們實際上應該「就事論事」，而不是針對某一人。也就是說，在我們評價一件事情之前，不要帶有任何的成見，不要在一件事上就對某人進行簡單的評價。

錯誤❷ 盲目對別人進行說教

並非每個人都是老師，對方也並不都是學生，可是我們總喜歡對對方進行說教。我們總喜歡告訴別人應該這麼做，而不應該那麼做；這麼做是明智的、那麼做是錯誤的、是愚蠢的。我們總是自認為比對方知道的東西要多，看得要更加清楚，因此完全有資格去告訴別人應該怎麼做。原本是一般的談話，一下子變成了課堂上的教與被教，談話雙方的身分變成了老師和學生。

有時候，我們並不瞭解對方做一件事情的全部原因，以及做這件事情的全部情況。當別人犯了錯誤的時候，我們總喜歡用過於簡單的道理去說明他做得不那麼正確。指出別人的錯誤，對我們來說是一件「誘人」的事情，幾乎人人都喜歡做，我們即使犧牲了對方的理解和談話的和諧氣氛也在所不惜。

你應該試著從別人的角度去看問題，這樣也許你就不會對他進行說教，而更加傾向於理解、尊重和欣賞他了。即使你想要幫助別人，也不要用硬生生的說教這一種方式。

錯誤③ 盲目揣測別人的心理

在潛意識裡，我們都希望成為一個心理學家。我們經常對別人說：「你理解得不夠。」或者「你患了妄想症」。即使我們並沒有受過專門的心理訓練，我們也似乎有一種天生的「以己推人」（用自己的心理去推測別人）的本領，並且自認為這樣做是很對的。

要知道，那些心理學家也並不是僅僅從心理上，就能推測出一個人的心理特徵的，而是要結合相當多的事實，才能謹慎地得出結論，我們好像跳過了這一步。所以，不要不顧事實去無端地推測別人的心理。你能夠看到的僅僅是事實而已，你只能通過事實，才能讀懂他的情緒。

錯誤④ 說話直截了當

我們經常對別人說：「我這個人是個直性子，說錯了話大家別見怪。」好像這樣就能毫無顧忌地犯錯誤一樣。對方也會有意無意地鼓勵我們說：「有話就直說。」

事實是，我們常常因此和別人產生隔膜甚至發生激烈的衝突。當我們在進行談話的時候，氣氛看上去好像很融洽。但是某一天可能聽到對方對這次談話不滿的評價，這個消息絕對使你驚訝。這說明，你的直性子實際上破壞了你們的關係，只是當時沒有表現出來而已。

當你直接地指出對方錯誤的時候，你並沒有委婉地把你的意思說出來，可能並沒有意識到已經不自覺地傷害了對方。與此相同的是，你可能在不適當的場合說了不適當的話，因此對別人造成了傷害。因此，盡量委婉地把你的意思表達出來。

錯誤5　強迫對方做事或者接受你的意見

命令，就是當你想要別人做某件事情的時候，用非常肯定的語氣去告訴他，讓他感到沒有商量的可能，你讓對方感覺到自己就像一部做事的機器一樣。另外，當你想要別人同意你的意見時，可能會採取一種不容置疑的態度，去取得他的同意。在整個過程中，看起來好像你一直在與對方商量，但是對方卻沒有表達自己意見的機會。

這兩種形式是你給人一種威懾的力量，使對方不至於反對你的意見。前一種，對方只是做了你叫他做的事情，但是他不會調動自己的全部精力去做這件事情，並且只會考慮讓這件事情盡快結束，而不考慮其他的因素。後一種情況則導致對方有自己不同的意見，卻沒有發表出來，但是表面上好像你們已經取得了一致。

因此，你應該真正地去贏得他人的同意，應該讓他自己去說服自己，把你的願望變成他自己的願望。

錯誤6 唱「獨角戲」

有些人喜歡把別人或自己當成一面牆壁，只讓談話的某一方滔滔不絕，而另一方什麼都不做。在整個談話中，他們拒不發表任何意見，甚至一直沉默、開口不語。看起來，他可能不是願意這樣做，而是當時的情況逼得他這樣做。

這兩種情形都是不可取的。我們都知道，所謂溝通，本來就預設了一個前提，那就是談話是雙方面的事情。如果希望完滿的談話，必須兩方面都積極地參與進來，共同構建和諧的氛圍。在談話中，「獨角戲」是唱不起來的。

錯誤7 說別人的缺點或錯誤

人們往往以為說出一個人的缺點或錯誤，是讓對方不高興的事情，所以我們通常對此保持沉默。在很多情況下，確實不應直接地指責別人的錯誤，因為這將會導致談話氣氛的不和諧，甚至使談話者產生敵對心理，但是這並不意味著要隱瞞他人的錯誤。當我們發現他人有錯誤的時候，應該利用合適的時機指出來，而不是就讓它過去了。

我們和別人溝通的目的，是為了相互的提高和人際關係的圓滿。因此，如果你能夠發現別人的錯誤，並且用恰當的方法告訴他，他一般情況下是會欣然接受的，因為說到底，這是為了他的進步著想的。他接受了你的指正，當然會更加感激你，從而與你的關係更加和諧。

錯誤8 不拘小節

在日常的交談中，我們常常會犯一些小錯誤，而不去注意。比如，一個人的打扮被認為是小節問題，而不去顧及到。我們可能考慮的是一些所謂的「大問題」，比如一個人要有才華、有知識、有修養，而不是究竟該怎麼講話。

這種想法的一個特點是，把那些屬於「內容」性的東西的作用無限誇大，而把那些「技術」性的東西無限地縮小。殊不知，就是因為這些小節的東西，在時刻地影響著自己的說話形象，減低對方與你交談的興趣，甚至引起了對方的反感，是它們毀滅了你講話的效果。

錯誤 9 說話莫名其妙

如果我們不能準確地表達我們的意思，不能使我們的話一語中的，對方一定會懷疑我們另有所圖。另外，可能你所表達的東西並不是你所想的東西。因此，我們要注意使我們的意思很明確，並且能夠充分地表達我們的意見。

含糊不清的原因可能本來就在於你的思維，你可能並沒有真正弄懂、理清自己的思想。因此，如果想要表達清楚，讓別人真正理解你的意思，最合適的方法就是整理清楚你自己的想法，然後依照一定的技巧，清晰、明白地表達出來。

錯誤 10 轉換話題

如果你在說話中有情緒化的傾向，或者你想隱藏你的觀點時，你可能會選擇換個話題來談論。你根本不會回答對方提出來的問題，而是轉換一個話題。當然，你也可能是因為沒有注意到對方的談話，所以，這才不得不另尋一個。

毫無疑問，轉換話題是需要在特定的場合才是適合的，一般情況下，我們不能輕易地就轉換話題，這會嚴重地影響到你的溝通。比如，對方問：「你覺得我們的關係怎麼樣？」你卻回答：「我想我們應該去看場足球賽。」你完全可以想像對方會有什麼感受。

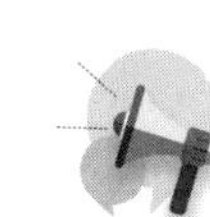

用請求代替命令，收到意想不到的表達效果

為了維護他人的自尊，要用請求來代替命令。
請求的語言會收到意想不到的效果。
把命令換一種方式來表達，對方才樂於接受。

請求比命令有利於事情成功，每個人都不願意接受別人的命令，換一種方式表達，會收到意想不到的效果。

傑瑞所在的汽車公司最近遇到了一些麻煩事。幾名顧客的汽車修好後，他們拒絕付修理費！他們並不是不承認這筆帳，而是認為其中某些項目弄錯了。其實，每一頁項目單上，都有他們自己的簽名，公司怎會承認這些帳目有什麼差錯呢？

汽車公司的信用部職員去收款，他們逐一地拜訪了每一位顧客，要求他們繳納未付的帳款，並且明確表示，公司是絕對不會把帳目弄錯的，這些錯誤不是公司造成的，應該由顧客自己負責。這些職員在話中暗示說，在汽車業務方面，只有公司才是專業的，所以，沒有必要進行無謂的爭辯。結果，他們為此爭吵了起來，事情陷入僵局。

很不幸，這將要成為一筆爛帳，公司打算訴諸法律解決爭端。然而這件事情被總經理知道了，他查閱了這幾位客戶曾經的付款記錄，發現他們以前從沒有發生過拖欠的情況。總經理認定，這些顧客之所以不付款，一定是公司在某個環節出現了問題。於是，他派傑瑞去收這筆欠款。

傑瑞也像那些信用部的職員一樣，逐一拜訪了那些客戶。但是他絕口不提欠款的事，他對他們說，他是來對公司的服務情況進行調查的。他表示，他並不相信公司絕對不會出錯，然後他盡量讓顧客們發洩不滿，而他自己只是認真地傾聽，默默地做記錄。

一番發洩之後，那些顧客的情緒緩和了很多。這時，傑瑞說道：

「我也覺得公司對這件事情的處理不是很恰當，為此我代表我們公司向你們表示真誠的歉意。聽了你們剛才的話後，我為你們的忍耐力而感動。你們的胸懷多麼開闊！正因為你們胸襟寬廣，我才請求你們為我做一點事。我相信，你們會比其他任何人都勝任這件事情。我請你們再查對公司開給你們的帳目，因為你們比任何人都更加清楚。如果有哪個地方記錯了的話，你們說該怎麼辦就怎麼辦吧！」

結果他們高興地核對了帳單。這些帳單的數額在一百五十美元到四百美元之間浮動。其中一位顧客只是付了最低額，他拒絕付來歷不明的款項，但是其他五位都盡可能高地付了款項，一點也不讓公司吃虧。事情的最奇妙的地方是，兩年之內，這六位顧客又買了公司的六輛汽車。

毫無疑問，那些信用員用的是合同的權威來命令顧客付款，而傑瑞卻正好相反，他所用的方法是請求他們這麼做。稍微比較一下即可看出，他們取得的結果是截然不同的。

用請求而不用命令的語氣，有意想不到的好處，一旦你發現這些好處，你就會在日常生活中運用它。

談話中，你不要說：「絕不能這麼做！」而應該說：「我覺得這樣做不是很好。」不要說：「我不喜歡讓你去做！」應該說：「你不介意我讓約翰去做吧？」等等。

告訴你一個很有效的方法和訣竅，在你說話的時候帶上「我」字，用「我」字非常詳細地敘述個人行為，並且也告訴對方這將會對他造成什麼影響，或者為什麼是重要的。用「我」來表達自己要求對方不要做某事的觀點，將會使你的話聽起來很平靜，而不是在責備或命令他人。比如，「我真的希望在中午之前拿到這份檔案的影本，你能幫我完成嗎？」如果沒有別的原因，對方會非常愉快地回答「沒問題」！

當你打算要對方給你打電話的時候，如果你說：「希望你給我回個電話！」這樣說雖然很禮貌，但是卻帶有命令的口氣。你不妨說：「如果你給我回個電話的話，我會非常高興的。」

當你在會上講話的時候，一位同事打斷你的話，並且對你說：「愛里斯，我想請教你一個問題。」對於突然的中斷，擾亂了你的思路，你感覺氣憤、不滿，會脫口而出：「請不要打斷我講話！」如果這麼說，結果可想而知。所以，你最好這麼說：「讓我把話講完再跟你討論，可以嗎？」就能起到很好的表達效果。

也許你會認為，我們要表達的意思是命令，用請求的語氣跟對方說話，會顯得威力不足，對方根本就不聽你的話。事實並非如此，沒有人願意接受別人的強硬指令，你自己也如此。所以，多用請求，別用命令。

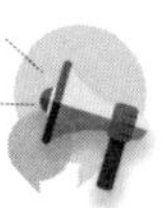

比林定律：用合理的藉口果斷地拒絕別人

哈佛說話藝術要訣：

拒絕對方最好的辦法是，不帶任何批評。
拒絕別人的時候要用誠懇的態度。
拒絕別人要用合理的藉口。

比林定律：人一生中的麻煩有一半是由於太快說「是」、太慢說「不」造成的。它是由美國幽默作家比林提出的。

常常聽人說：平生最怕的事情就是拒絕別人。這是人們的一種普遍心理——往往是出於愛面子和怕得罪人，在別人提出一些要求或者請求幫助的時候，即使自己很忙、無能為力，也要勉為其力，那個「不」字就是說不出口。仔細回想一下，生活和工作中遭遇到的種種挫折與不如意，有多少是因為礙於情面，過於草率地答應了他人的要求，事後卻發現自己力不能及而造成的呢？喜劇大師卓別林曾經說過這樣一句話：學會說「不」吧！那樣，你的生活將會美好得多。美國作家比林正是通過這句話來告訴我們：學會在恰當的時機、選擇恰當的方式表達拒絕，我們的人生會輕鬆很多。

說「不」是一種藝術，更是一種權利。管理者在適當的時候，要用適當的語言來回答問題或者答應以及拒絕要求。在拒絕別人時要講究技巧，拒絕的理由要合情合理，要讓別人心悅誠服地接受。

公司的職員要求加薪，大概是公司最頭疼的一件事情了，但是這種事情好像經常發生。一位才進公司三個月的小姐，急匆匆地跑過來要求泰森加薪。她的工作狀態確實不錯，泰森也並不想挫傷她的積極性，但是卻沒有辦法答應她。事實上，泰森已經有過無數次類似的經歷，他知道，拒絕對方最好的辦法是，不要帶任何批評、頑固的態度，而是應該美言她幾句——我們知道，這樣並不花我們什麼東西，於是泰森對她說：

「艾麗絲，你在過去三個月裡確實表現得很出色，這麼短的時間裡，我們就能看到你突飛猛進，公司方面十分滿意你的工作。但是，因為你剛來，公司有些規定你可能不是很清楚。一般而言，到職不到一年的職員，我們是不會考慮調整薪酬的。當然，如果你特別出色的話，我們有另外的規定。針對你的情況，我建議你再工作一段時間，到四月的時候，公司會開始全面地評估你的工作績效。到時候你已經來公司半年了，如果你的績效更好了，用不了一年的時間，我們會調整你的薪酬的。」

泰森拒絕艾麗絲的理由十分直接，那就是公司的規章制度。這樣，用他誠懇的態度讓艾麗絲相信，他拒絕她的加薪要求絕對不是因為她的工作能力有問題，或者別的什麼原因。他還給她一個可以預料的未來目標，從而激勵了她繼續努力工作，我們不能不說泰森做得非常出色。

對拒絕員工而言，公司的規章制度確實是一個十分合理的藉口，但是如果換作是顧客的話，如果還拿公司的規章制度來作為推辭或拒絕的理由的話，就不那麼合理。因為這會讓顧客覺得，好像公司只看重規則，而不關心顧客。

某一個顧客想要零星訂購你們公司的產品，但是你們公司卻不做這麼小的業務。一般人會對他說：「對不起，我們公司只做大宗業務。」這樣說多少有點兒冷冰冰。你不妨說：「我們在這一行裡，是最便宜的。我們之所以能夠做到這一點，是因為我們公司接的訂單量都很大，一般都在十二件以上。對我們和顧客而言，小於這個限額的都是不划算的。我只能就十二件的價格，給你一個報價。」這樣的回答聽上去讓人舒服多了。它並不讓人覺得冷冰冰的，而是一種非常誠懇的態度。這樣的回答，雖然表達了拒絕的意思，但是顧客對公司的印象卻不會變差。

策劃部的經理希望你能夠調入他的部門工作，但是你卻想繼續待在銷售部。你總不能直接對對方說：「我不想去。」或者找個蹩腳的理由來拒絕對方吧——除非你不想和他處好關係，而且如果真是這樣的話，恐怕你做得也不是很好，因為畢竟他是在給你一個機會。總之，你最好不要直接回絕他。當你確實認真思考了這個問題之後，誠懇地對他說：「洛克，我非常感謝你給我這樣的機會到你的部門做事。我考慮了很久，這個機會對我來說確實有誘惑力。但是，經過慎重的考慮，我還是覺得待在銷售部更加適合我，而且這樣也能夠使我對公司做出較大的貢獻。再一次感謝你的賞識，謝謝你。」

這個藉口十分合理，對公司和個人而言，留在原部門都更加有利，使人沒有反駁的餘地。這樣的理由通常能夠發揮它的作用，即使是那些不講道理的人。

塔夫脫總統曾經經歷過這樣一件事情，對我們可能有所啟發。

一個華盛頓的貴婦人，要求塔夫脫為她的兒子安排一個總統秘書的職位，而且專門管理諮詢兩院議事。她的丈夫有一定的權力，並且她委託了兩院中的一些議員幫她說話。可是，這個職位需要具有專業知識的人才能擔任，因此，塔夫脫拒絕了她，委任了另外一個更加適合的人來接任這個職位。她感到很失望，立即給他寫了一封信，言辭激烈，說塔夫脫不懂人情世故，並且說她曾經努力勸說那些代表，讓他們贊同他提議的某一項法案，而塔夫脫卻連這一件小事都不肯幫忙。

塔夫脫總統過了兩天才給那位夫人回信。他對她表示了完全的理解，說作為一個母親，遇到這樣的事情，當然是十分失望。但是他解釋說，任用一個專門的技術人才，不是他一個人能夠做主的，還需要該部門主管的推薦，才能任命。這一封信使她平靜了下來。

因為一些原因，塔夫脫委派的那位沒有即時到達他的崗位。幾天後，塔夫脫總統收到一封署名為她的丈夫的信，但是筆跡和前一封信一模一樣。這封信說，她為了兒子職位的事情愁悶成疾，並且犯了一種很嚴重的胃病，而使她痊癒的辦法，就是讓她的兒子做上總統秘書。

塔夫脫總統當然知道這封信就是那位夫人寫的。他給她丈夫寫了一封信，表示很同情夫人的病，同時希望醫生的診斷有誤。但是他解釋說，如果要撤回那位已經委任的人，必須要遵照非常複雜的程序，而這在目前是不可能的。

之後不久，那位總統委任的人到任了。過了兩天，總統在白宮開了一個音樂會，而第一對參加音樂會的人，就是那位夫人和她的丈夫。

塔夫脫總統三番兩次拒絕了那位夫人，都運用了十分合理的藉口，因此，他們能夠繼續保持良好的關係，這得益於總統的十分恰當的處理方法。因此，我們在拒絕別人的時候，一定要用合理的藉口去解釋之所以拒絕的原因。

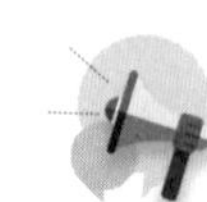

波特定律：在批評別人前先讚美一下

在尊重別人的基礎上採用委婉的方式，別人才有可能接受你的批評。注意在批評之前先讚美一下對方，然後再把談話引向批評。

美國心理學家、行為學家、人力資源管理專家萊曼・波特，提出了著名的波特定律。波特定律在管理學中的運用說：當遭受許多批評時，下級往往只記住開頭的一些，其餘就不聽了，因為他們忙於思索論據來反駁開頭的批評。再優秀的人也有犯錯誤的時候，不要總盯著下屬的錯誤不放。重要的是，查找錯誤的原因。優秀的管理者在員工犯錯的情況下，是不會一味地責怪的。以寬容面對他們的錯誤，變責怪為激勵，變懲罰為鼓舞，讓員工在接受懲罰時懷著感激之情，進而達到激勵的目的。

我們每個人都有自尊，當你指出別人的錯誤、對別人進行批評的時候，一般的人都會下意識地維護自己的尊嚴，從而對你的批評採取抵觸的態度。我們必須瞭解這個特點，利用恰當的批評藝術，來達到我們批評的目的。

德皇威廉二世是一個驕傲自大、目空一切的國王，他曾經說了一些令全世界震驚的話，並且引起了整個歐洲社會的不滿。他說：

「我是唯一對英國感覺很友善的德國人。我正在建立海軍，以對付日本。只要有我一個人的力量，才能使英國不至於被法、俄兩國所威脅。英國羅伯特爵士之所以能在南非戰勝荷蘭人，這是我籌畫的。」

事實上，在一百來年的和平時期內，歐洲沒有一位國王能說出這樣的話來，可想而知這話在當時所引起的轟動。各國政府都表達了對威廉二世的不滿，德國政治家則十分恐慌。威廉二世開始感到緊張，並暗示布羅親王代他受過。

布羅親王看不慣他的做法，於是說道：「陛下，恐怕沒有人會相信我會建議陛下說那些話的。」

當他說出這些話之後，威廉二世咆哮道：「你認為我是一頭驢？你不至於犯的錯誤，我卻犯了？」

布羅親王意識到自己犯了一個很大的錯誤，但是為時已晚，他必須想辦法補救。於是，他對威廉二世說：

「陛下，我絕對不是那個意思。你在很多方面都超過我。不論是在海軍的知識上，還是在自然科學知識上，我都知道得太少了，而你比我知道的多得多。我身為一個親王，深感慚愧。」

德皇聽到這樣的話，臉上的怒意馬上就消失了，露出了笑容。這是因為布羅親王貶低了自己，抬高了他的緣故。德皇握著布羅親王的手說：「我知道自己在這件事情上做錯了，我將承認這個錯誤。」

一開始，布羅親王犯了一個很大的錯誤，他沒有在批評之前先讚美德皇，反而引起了德皇的憤怒。但是，僅僅是幾句讚美，又使德皇開始高興起來，輕易地使德皇接受了批評。我們在批評別人的時候，是不是也可以這麼做呢？

批評並不是爭論，也不是直話直說，而是應該運用一些方法和技巧。你可以在批評別人之前，先指出自己的錯誤和缺點，對方會更加容易接受意見。因此，在我們批評別人的時候，不妨採用一些有技巧的方法，這樣才能取得令人滿意的效果。

某監獄的監獄長羅斯，用他自己的經驗告訴我們這樣一段話：「如果你面對一個盜賊或騙子，只有一個辦法去制服他，那就是像面對一個體面的紳士一樣去對待他。因為只有這樣，他才會感到受寵若驚，進而激發起內心的驕傲，因為終於有人信任他了。」

二十世紀三〇年代，美國教育界發生了一件驚天動地的大事，一位名叫羅伯特・哈金斯才滿三十歲的年輕人，被聘為芝加哥大學的校長。人們紛紛對他進行批評，認為他太年輕，沒有經驗來管理一個在全美國排名第四的大學。連本來很客觀的報紙，也開始對哈金斯進行批評。

哲學家叔本華的一句話，正好能說明這場攻擊：「小人常常為發現偉人的缺點而得意。」心理學家研究發現，人們常常通過批評其他人來得到一種自我滿足。有太多的例子可以證明這一點。所以，當你打算批評別人的時候，需要想一想，你是不是也在尋找一種自我滿足的快感。因為這是一種很無聊的舉動，而被批評的人不會有絲毫的感覺，他只會對你感到厭惡。

有一種情況，你並不打算用批評來滿足你的自我優越感，而純粹是為了對方著想，想要改變對方錯誤的意見或想法，彌補他的缺點。在此基礎上，我們希望能夠使我們的批評達到它應有的效果。

事實證明，如果你真的為對方著想，對方是不會一直非常固執地堅持自己的意見的——如果你運用了正確方法的話。但是同時，我們不能認為，只要我們的出發點是好的，那麼一切都不是問題。這是過於簡單的想法。

林肯在一八六三年四月二十六日，給集國家人民命運於一身的霍格將軍寫了一封信，下面是信的內容。

「霍格將軍：

我已經任命你為包托麥克軍隊的司令官，並且我相信這樣做完全是對的。但是，我希望你知道，我在一些事情上對你並不滿意。你是一個英勇善戰的軍人，這一點我絲毫不懷疑，我一向對此十分欣慰。同時，我並不相信你會把政治和你現在的職責混為一談。你的自信，是非常有價值、可貴的精神。

在一定範圍內，你的野心對你來說確實是有益無害的。可是，你一度過於放縱你的野心，阻止了波恩學特將軍帶領他的軍隊前進的腳步，這是你對國家、人民，以及所有軍人所犯的一個極大的錯誤。

據說，你認為軍隊和政府需要一位獨裁的領袖。但是，我希望你不要忘記，我給你軍隊的指揮權，並不是想讓你成為獨裁者，而且以後我也並無此打算。

只有那些在戰爭中取得勝利的將領，才能夠當獨裁者。而目前，我的確希望你取得勝利。如果你成功了，我將會冒著危險，將獨裁權授予你。

政府將會像協助其他將領一樣，盡其所能地協助你。但是，我的確擔心你的那種不信任人的思想，會傳給你的下屬和戰士，而它將會使你損失慘重。因此，我願意盡力幫助你，平息你的這種危險的思想。如果有這種思想存在，那麼即使是拿破崙，也不能用這支軍隊獲得勝利。現在，千萬不要輕易地向前推進，也不要急躁，你最需要的是謹慎，以最終取得我們的勝利。」

寫這封信的時候，正是內戰最黑暗的時候，將領們因為聯軍屢遭失敗，普遍地懷著一種悲觀的情緒。林肯描述當時的情景的時候，曾這樣說：「我們現在已經走在了毀滅的邊緣，上帝似乎都已經拋棄我們了，我看不到一絲勝利的曙光。」這時候，林肯給霍格寫了這封信。

正是這封信改變了霍格這位固執的將領，從而改變了國家的命運。當時霍格因為判斷出了差錯，犯了嚴重的錯誤。但是林肯並不在一開頭就批評霍格，而是對他進行了讚美。即使是批評的時候，他也採用了十分委婉的語氣。

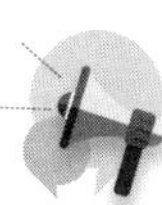

有的放矢，恰到好處地回答提問

針對不同的場合、不同的人做出最合適的回答。

應該回答的問題，必須直接、簡潔地給出回答，而那些不想或不能回答的問題，應採用適當的技巧。適當地回答那些有敵意的問題，保持你的涵養和風度。

如果說提問是人際溝通中必不可少的話，回答提問也一樣重要，它能充分地反映一個人的學識涵養和做人的風度。社交中，我們經常冷不防地被人家提問，有問必有答，如何做出讓提問者滿意的答覆呢？

同樣是一個問題，每個人的回答各不相同。這說明回答問題有各種可能性，但是我們似乎應該確認一點：在這眾多的可能性中，只有一種是使提問者最滿意的。但在另一方面，在某些場合——比如辯論中，回答者往往並沒有給提問者想要的答案。他們可能因為某種原因，不能或者不想告訴聽眾答案。也許在回答者看來，從自己的立場出發，如何回答問題才是正確的答案。因此，我們一般認為，回答問題沒有正確的答案，只有恰到好處的答案——而這明顯是對回答問題者而言的。

沒有一種問話會要求你在聽到問題後一秒鐘之內馬上給出答案，除非你想要表現自己反應很迅速。你完全有時間想一想對方問話的意思，瞭解他的意圖，然後再確定回答的方式和範圍，再從容地組織答案。有些人似乎習慣於一邊說話一邊思考，但這並不是大部分人能夠做到的。一般的人在脫口而出之後，馬上就後悔說出了那樣的話，因為那樣的話本來不應該說，或者完全可以說得更好。

所以，不要急著回答。你可以試著對提問者的意思進行解釋，並且試著誇讚提問者幾句。這會讓你真正瞭解提問者的意思，並且得到他的好感，你還可以利用這些時間來好好整理一下你的答案。

對問題做出判斷，揭示其隱藏的意圖。如果你懷疑對方另有意圖的話——不管對你有利或不利——在沒有弄清楚之前，不要直接給出答案，問一下對方真正的意圖是什麼。你可以問他：「告訴我你真正感興趣的是什麼？你想讓我說的是什麼？」

你可以建立一個橋樑，由此進入到你的回答階段，這可以算作解釋對方問題的一部分。一位議員被問及：「你反對加稅嗎？」那位議員回答道：「這位先生想要知道我是否反對加稅。實際上，你真正想問的是，我們怎樣才能使美國人民變得更加富裕？讓我告訴你我們對於復甦經濟的計畫……」這個議員十分巧妙地把對方的問題過渡到自己想要回答的問題上。

這樣你首先要對你的答案進行設計，就是我們前面所說過的「思維」過程——相對於你把它陳述出來而言。當然，對待一般的問題，你必須用你的知識對此做出符合客觀情況的實際回答，不然的話，就會犯了狡辯的錯誤，從而給人不真誠的感覺。

如何回答常見的問題？針對不同的問題，有下列不同的回答技巧。

1. 對於是非型問題的應答技巧

提問者想要你回答簡單的幾個字，這當然是很容易的事情，但是這類問題往往埋有陷阱，因為簡單往往導致誤解。除非在法庭上，你不需要回答是非型的問題，你可以直接回答為什麼「是」或「不是」。

2. 對於選擇型問題的應答技巧

有人問：「你們公司的目標是增加投入還是減少人員？」這樣的問題不好回答，因為答案可能不在他給出的選擇項內。不要被提問者提出的問題所干擾，按照事實說吧！回答上面的問題可以是：「我們的目標是提供最優質的產品。」

3. 對於不能回答的問題的應答技巧

當你被問及那些關於個人秘密等不便回答的問題時，直接告訴他為什麼不能說出來。你必須給出你的理由，否則將會被認為是不真誠的。

4. 對於傾向性問題的應答技巧

「你不再打你的老婆嗎？」而事實上你並沒有打過老婆。又或者「此次調價對你們公司造成了多大損失」？事實上你們公司一點兒都沒有受到損失。回答這類問題可以直接跳過對方的假設，用事實說話。

5. 問題很多時的應答技巧

對方發出一系列問題的時候，你沒有必要一一回答。你應該說：慢一點，我的朋友，然後再一次回答一個問題。

當有人用那些你不想或者不能做出正面、直接回答的問題來為難你時，你還可以用一下這些方法來回答應對。

1. 答非所問，用沒有實際意義的話回答

當你不想回答對方的問題的時候，你可以選擇這樣的回答方式。也就是說，你可以用一些沒有實際意義的話去回答他。

比如對方問你：「週末做什麼？是不是去約會呀？」你不想告訴他，於是你可以說：「沒什麼特別的事。」這樣，提問的人就不會再追根究底了。

2. 巧用反問，轉換角度來回答

有些問題可能是比較刁鑽的問題，可能是一個含沙射影的問題，也可能是一個陷阱，這些問題可能使你尷尬。在這種情況下，你可以換一個角度來回答。

一個外交官被一群記者圍住，要求他就前幾天在國會某位議員的演講發表一下意見，那位議員講的是一個國際上的政治敏感話題。這個外交官回答道：「你們要我說，我當然可以說。但是我的態度全世界的人們都知道了，因此，我沒有必要把它說出來。」

3. 間接回答，巧用幽默解圍

有些場合，對方可能提出一些十分敏感的問題，或者刺探你的真實意圖，或者就是想刁難你，使你不便直接回答，這時候你可以間接地做出回答。

英國首相邱吉爾因為力主和蘇聯聯合對抗德國，一位記者詰難他說：「你為什麼老是替史達林說好話呢？」邱吉爾回答道：「如果希特勒侵入了地獄，我同樣會在下議院為閻王講情的。」

另外，還必須注意的是，你在回答問題時，態度一定要懇切。要讓你的提問者感到你正在努力、真誠地回答他的問題，而不是敷衍了事。如果有人在尋求資訊，你就要表現得很專業，讓對方覺得你的答案是很可信、無懈可擊的。對那些抱有敵意的提問者，最好保持你優雅的風度，不要因為對方提出了一個讓你尷尬難堪的問題，你就毫不留情地反擊他。那樣只會讓你丟掉涵養，不論何時，你都應該冷靜地處理各種棘手的問題，以便這些問題朝著對你有利的方向發展。

方式一轉變，局面大不同，用幽默語言拉近彼此的距離

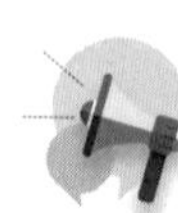

反唇相譏，給企圖傷人者有力回擊

反唇相譏是一種生活智慧，是後天習得的。反唇相譏能起到一種聞之震耳、以正壓邪的作用。生活中我們不一定要以牙還牙，以眼還眼，但可巧用幽默智慧，給企圖傷害你的人有力的語言回擊。

反唇相譏幽默法由來已久，我們可以追溯到古希臘時代。

亞西比德是古希臘一位了不起的政治家。一天，他和比他大四十歲的佩里克萊斯大談如何才能治理好雅典，可老佩里克萊斯對此並無興趣。

「在你這個年紀，我也是像你現在這麼說話的。」佩里克萊斯冷冷地對亞西比德說。

「哦，那時我要能結識您該有多好啊！」亞西比德回答說。

兩人的年齡相差四十歲，一般由於代溝的原因，年齡大的人往往聽不進年輕人的意見，亞西比德說「那時我要能結識您該有多好啊」，正是用反唇相譏法指出了佩里克萊斯的老態龍鍾。

人們總把激烈的語言交鋒稱為唇槍舌劍，有時候兩片嘴唇、一條舌頭，比真槍實彈的威力還要大。海涅是猶太人，因此經常遭到一些「大日爾曼主義者」的攻擊。一次晚會上，一個自稱是「素有教養」的旅行家，對海涅講述了他在環球旅行中發現的一個小島，他說：「你猜猜看，在這個小島上，有什麼現象最使我感到驚奇？」接著他說，「在這個小島上，竟沒有猶太人和驢子！」

海涅白了這個旅行家一眼，不動聲色地反擊道：「如果真是這樣的話，那麼，只要我和你一塊兒到小島上去，就可以彌補這個缺陷了！」

旅行家的本意是說海涅是猶太人，海涅卻機智巧妙地將對方比作驢子，從而維護了自己的尊嚴。

前蘇聯詩人馬雅可夫斯基曾與反對蘇維埃政府的人進行論辯。反對者問：「馬雅可夫斯基，你和混蛋差多少？」

馬雅可夫斯基怒而不露，不慌不忙地走到反對者跟前說：

「我和混蛋只有一步之差。」

在場的人聽了都哈哈大笑起來，那位攻擊馬雅可夫斯基的人，只好灰溜溜地跑了。

俄羅斯有一位著名的丑角演員杜羅夫。在一次演出的幕間休息時，一個很傲慢的觀眾走到他的身邊，譏諷地問道：「丑角先生，觀眾對你非常歡迎吧？」

「還好。」

「要想在馬戲班中受到歡迎，丑角是不是就必須具有一張愚蠢而又醜怪的臉蛋呢？」

「確實如此。」杜羅夫回答說，「如果我能生一張像先生您那樣的臉蛋的話，我準能拿到雙薪。」

這位傲慢觀眾的臉蛋，同杜羅夫能否拿雙薪，本無絲毫內在的聯繫，在這裡杜羅夫卻巧妙地把它們牽扯在一起，從而產生了幽默，對這位傲慢的觀眾進行了反諷。

一九八四年十月，在雷根與蒙代爾的總統競選過程中，雷根競選班底的人們認識到，雷根要克服的大難題是他給人一種年紀太大的感覺，不宜當總統了。所以，雷根利用每一個機會，就年齡問題說笑話。

第二次論戰是在嚴肅的氣氛中進行的，雷根和蒙代爾就範圍廣泛的各種問題相互進行十分單調的攻擊。老資格的記者亨利・特里惠特，向總統提出了一個事先預料的問題。

「總統先生，您已是歷史上最年邁的總統了。您的一些幕僚們說，最近在和蒙岱爾先生的遭遇戰之後，您感到疲倦。我回憶起甘迺迪總統，他在古巴導彈危機中，不得不連續做好幾天，很少睡覺。您是否懷疑過，在這種處境中您能履行職責嗎？」

這個既棘手又彬彬有禮的詢問，其意思就是你是否過於年邁，不宜當總統？雷根用反唇相識法幽默地笑著說：「我希望你能知道，在這場競選中我不願把年齡當作一項資本。我不打算為了政治目的，而利用我對手的年輕和缺乏經驗。」

在雷根與蒙岱爾的最後一次總統競選電視辯論中，蒙岱爾抓住雷根已近古稀之年這個問題大做文章，公開對雷根是否有能力履行總統之職表示懷疑。雷根聽後，朝蒙岱爾一笑，說：

「對方的年輕幼稚，我早有耳聞。但我不會抓住對手的年輕無知、經驗匱乏這一弱點來攻擊我的對手。但是，這一弱點怎能使美國人民相信、放心他能完美地履行最高行政長官這一職責呢？」

雷根說，「我不會抓住對手的年輕無知、經驗匱乏這一弱點來攻擊我的對手」，實際上已經反駁了對方的錯誤觀點了。

政治上的口角之爭從來都沒有停歇過，反唇相識的要點就是以快打快，以強擊強，起到一種聞之震耳、以正壓邪的作用。

在聯合國的一次會議上，菲律賓前外長羅慕洛和蘇聯代表團團長維辛斯基發生了一場激烈的辯論。羅慕洛批評維辛斯基提出的建議是「開玩笑」，維辛斯基立即採取了十分無禮之舉，他說道：「你不過是個小國家的小人罷了。」維辛斯基剛說完，羅慕洛就站起來，告訴聯合國大會的代表說，維辛斯基對他的形容是正確的，但他又接著說：

「此時此地，將真理之石向狂妄巨人的眉心擲去——使他們的行為檢點些，這是矮子的責任。」

羅慕洛的話博得了代表們的熱烈掌聲，而維辛斯基只好乾瞪眼，什麼話也說不出來。

在這則事例中，維辛斯基作為蘇聯代表團團長，雖然來自一個超級大國，卻出乎意料地在聯合國大會上對別國外長進行人身攻擊，完全違背了國際友好交往的基本道德和禮儀，表現出十分低劣的思想和修養，所以受到與會者的唾棄是可以想像的。反觀作為「小國之臣」的羅慕洛，雖然菲律賓小得還遠不如蘇聯的一個加盟共和國，而且羅慕洛穿上鞋子後，身高也只有一百六十三公分，但他面對一個超級大國外交官員的嚴重失禮的言行毫不畏懼，為了維護自己及國家的尊嚴和形象不受損害，他勇敢而巧妙地運用了一個形象的比喻，當眾抨擊了對方的卑劣行為。雖然他謙遜地自稱為「矮子」，但卻不是一般的「矮子」，而是能舉起「真理之石」向「狂妄巨人的眉心擲去」的人，真理在他手上；雖然他也把對方比作「巨人」，但這卻是一個在國際交往上「行為不檢點」的「巨人」，這正好成了鮮明的對照，有力地表現了菲律賓國雖小，卻不容侮辱的嚴正立場，準確而有分寸地批評了身為大國之使的蘇聯代表團團長行為有失檢點的惡劣行為。

幽默是治療心靈疾病的良藥

幽默能讓人忘掉煩惱，開心地生活。

幽默是成功治療心靈疾病最好的藥物。

幽默可以化解緊張的家庭關係，讓感情更融洽。

據醫學、生理學研究，笑對人體各部器官都有好處，特別是心理情緒的調整，而幽默是引我們發笑的「原動力」。不少專家認為，幽默對於人的精神健康的調節作用表現為：能幫助人們忘掉煩惱，或者至少把煩惱減低到最低程度。醫生們認為，幽默在治療中的潛在功能主要表現在：第一，造成一種輕鬆氣氛；第二，加強有理性的彼此交際；第三，成為洞察衝突的一種源泉；第四，幫助人們克服生硬而虛偽的社會習氣。

近年來，歐美醫學界發明的「幽默療法」，已經在臨床上取得了可喜的成績。專家們認為，幽默能夠治療的原理主要是笑，因為一個人笑的時候，其膈膜、胸部、腹部、心臟、脾部甚至肝臟，都會引起短暫的運動，能起到消除呼吸系統中的異物，刺激腸胃，加快血液循環，提高心跳頻率的作用。同時可緩和厭煩、緊張、內疚、沮喪的情緒，減輕頭疼和腰背酸痛的程度。

更為重要的是，笑還可以促使體內的某些激素（如腎上腺等）的分泌，這些激素可能會對機體產生有利的影響，同時又會促使體內某些麻醉因數的釋放，從而緩解疼痛，減輕關節炎等病症所引起的不適。

美國史丹福大學的精神學家威廉・弗賴恩博士說，生活中如果沒有笑聲，人就會生病，並且會日趨嚴重。而幽默則能激起內分泌系統的積極活動，從而有效地解除病痛。

幽默能使人們緊張的神經得以放鬆。

醫生的電話鈴響了，一位先生在電話中驚慌地說：

「喂！喂！大夫先生，請你趕快到我家來一趟！我的兒子不慎將我的微型鋼筆吞下去了！」

「好吧，我就來。」醫生對那位萬分緊張的父親說。

「大夫先生，在你到來之前，我應該怎麼辦？」

「你可以先用鉛筆寫字。」

醫生的一席話緩解了患者親屬的緊張心情，使人不至於在慌亂之中無所適從，影響患者的康復。

一個恰當的幽默，是成功治療心靈疾病最好的藥物。

昂里埃特・比妮耶曾經說過：「幽默是我們身體中最理智的一部分，是治療劑。幽默使我們驅逐恐懼，使我們發洩對權威的不滿，使我們補償自己的不足，使我們為自己的失敗復仇。您的心理分析家曾經總是這樣告誡您：『如果我們不在厄運面前發笑，我們就會從窗戶跳樓自殺，或跑去扼殺同樓的鄰居。』幸好，我們中間的多數人都會笑，所以死亡率大大減少。」

一個人走進診室對醫生說：「您得幫幫我，半個月前我吞下了一枚硬幣。」

「我的上帝！」醫生說，「您當時怎麼不來？」

「說實話，我當時並不等著這錢用。」這個人說。

病人首先能輕鬆地看待自己的疾病，就是一種了悟人生、豁達開朗的體現，這也是健康的前提和預兆。

一位建築工人因失足從五層樓上掉了下去，幸運的是掉到了一座沙堆上，因此倖免於難。當人們圍上來時，員警驅趕他們，然後問工人：「這兒發生了什麼事？」

工人：「我不知道，我剛到。」

在日常生活中，我們經常會遇到一些突如其來的緊急情況，而使我們變得驚慌失措，不知所措，或因長期痛楚的折磨，而喪失意志，在所有的靈丹妙藥失效時，不妨使用一下幽默。

在許多家庭中，幽默是感情傷害的止痛劑，可以成為一種調劑對方心理的有效工具。讓我們來看兩個家庭中發生的幽默故事。

一天，當妻子帕蒂聽到丈夫喬爾的痛苦時，她脫口而出：「上帝，應該有人頒給你一項奧斯卡獎，『最好的受難主角獎』。」

「為什麼你不頒給我？」喬爾問她。

帕蒂很喜歡這個主意，她跑到一家紀念品商店，買了一個奧斯卡像的複製品來。一次，當喬爾又悶悶不樂、唉聲歎氣的時候，她開心地對他一笑，鼓起掌來，並把「奧斯卡獎」頒給了他。「太棒了。」帕蒂對喬爾說，「我尤其喜歡末尾的一聲短歎。」

這樣，事情一下子變得非常荒謬，兩個人都忽然大笑起來。從此以後，喬爾再也沒像從前那麼難受過。

在另一個家庭中，薩拉和弗蘭克的關係有些緊張，但還算好。於是她想，也許幽默能引起他的注意力。她拿出一個一直放在衣櫥上面的舊呼啦圈，一次當弗蘭克又為他們的婚姻提條件時，她說：「請你拿著這個呼啦圈，我從中間跳過去。」

「這是幹嗎？」他問。「噢，親愛的，」她說，「我似乎注意到你是多麼願意讓我跳進你設的圈套以證明我愛你，你覺得我們可以談談這個問題嗎？」

「你在說什麼呢？我沒那麼做過。」弗蘭克說。「我相信你沒有意識到你那麼做了。我知道你愛我，但是這一切感覺就像一系列沒完沒了的考驗。」

「圈套，嗯？」他說，「好吧，我們談談。」

然後弗蘭克一笑，那是薩拉最喜歡的笑容。弗蘭克說：「在我們談正事之前，你覺得你能先跳過這個呼啦圈嗎？」這句話一下子沖淡了家庭中的緊張氣氛。從此之後，兩人的關係不再那麼緊張。

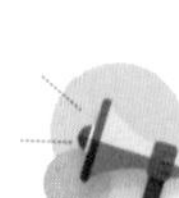

聲東擊西，巧用含蓄迂迴的幽默技巧

聲東擊西法，是一種含蓄迂迴的幽默技巧。在日常的生活中，聲東擊西法的幽默技巧，也可以詼諧地加以運用。

聲東擊西法，是一種含蓄迂迴的幽默技巧。目標向東而先向西，欲要進擊先後退。在利用幽默的語言來回擊或反駁一些錯誤觀點的時候，這種技巧的運用特別有力。

但是，聲東擊西法要取得好的效果，取決於聽眾的靜心默思，反覆品味。因為這種幽默技巧的特點是：你想表達的思想不是直接表達出來的，而是以迂為直，隱藏在你所說出來的話後面。聽眾在聽完話之後，必須有個回味的時間，才能體會出個中的奧秘，產生幽默風趣的情緒。

有一人應友人之邀參加家宴，友人很吝嗇，僅僅招待了他幾滴紅酒。這人臨走對友人說：「勞駕你，請在我的左右腮幫上各打一記耳光吧。」友人問什麼原因，這人說：「這樣的話，我臉上通紅，老婆才知我在你家吃飽喝足了，否則，不好交代啊！」

這位吝嗇的友人也覺得不好意思，便拿出一個很大的酒杯，可倒酒時僅蓋上杯底。這人便向友人要一把鋸子，友人很奇怪，這人回答說：「我是想把這杯子無用的上半部鋸掉。」

這位先生面對友人的吝嗇不好直說，轉彎抹角，幾句妙語實在值得玩味。既表達了自己的不滿，也譏諷了友人的小氣。

同樣是曲意嘲諷主人吝嗇，下面這個幽默似乎更技高一籌。

有一客人見主人招待他沒有菜肴，便跟主人要來副眼鏡，說視力不好，帶上眼鏡後，大謝主人，稱讚主人太破費，弄這麼多菜，主人道：「沒什麼菜呀？怎麼說太破費？」客人說：「滿桌都是，為何還說沒有？」主人說：「菜在哪裡？」客人指著盤內說：「這不是菜，難道是肉不成？」

此則幽默一波三折，客人嘲諷主人，手段高明，令人叫絕。話說出了口，又能置身事外。

人類的語言非常奇妙，它的功能變化萬千。同樣一個詞語，只要換一種語言環境，意思和味道就很不一樣了。不懂得這門道的人，是很難利用語言的這種靈活性來開拓他的幽默途徑的。

指桑罵槐的特點，就在於巧妙地利用詞語的多義性或雙關性等特點來做文章。說話者說出的話語，從字面上的意思看似乎並不是直接針對對方，但話語中卻暗含了攻擊對方的深層意思。

「勞駕，請問去警署的路怎麼走？」一個行人停步問路人。

「這很簡單，你用石頭把對面商店的櫥窗給砸爛，十分鐘後你就到了。」

路人似乎是答非所問，他沒有具體回答去警署的路線，卻提示了去警署的一種可行的辦法：你只要製造事端，自然有人送你去警署。

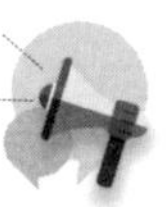

出奇制勝，用類比幽默開啟心智

類比幽默術是個反常規的壞孩子，它是藉著一絲靈氣，將事物不倫不類地加以歸類。

類比幽默是把風馬牛不相及的一些概念，或彼此之間沒有歷史的或約定俗成聯繫的事物放在一起對照比較。

類比幽默法是指把兩種或兩種以上互不相干甚至是完全相反的、彼此之間沒有歷史的或約定俗成聯繫的事物放在一起對照比較，顯得不倫不類，以揭示其差異之處，即不協調因素。

在類比分類時要產生幽默的趣味，恰恰要破壞這種科學的邏輯規律，對事物加以不倫不類的並列。

類比幽默術是個反常規的壞孩子，它是藉著一絲靈氣，將事物不倫不類地加以歸類。因其具有簡便的特徵，常為人們所使用。

星期六，一位年輕人照例進城賣雞蛋。他問城裡常打交道的中間商：「今天雞蛋你們給多少錢一個？」

中間商簡單地回答：「兩美分。」

「一個才兩美分！這價真是太低了！」

「是啊，我們中間商昨天開了個會，決定一個雞蛋的價格不能高於兩美分。」

年輕人艱難地搖搖頭，很無奈，但也只好將蛋給賣掉，回去了。

第二個星期六，這個年輕人照例進城了，見的還是上次那個中間商。中間商看了看雞蛋，說：「這個星期你的雞蛋太小了。」

「是啊，」年輕人說，「我們的母雞昨天開了一個大會，它們做出決定，因為兩美分實在太少，所以不能使勁下大蛋了。」

一個是「人會」，一個是「雞會」，並列一比，絕妙橫生。

在類比幽默中，對比雙方的差異越明顯，對比的時機和媒介選擇越恰當，所造成的不協調程度就越強烈，對方對類比雙方差異性的領會就越深刻，所造成的幽默意境也就越耐人尋味。

人們的日常生活和科學研究一樣，凡分類都是約定俗成，得用同一標準，否則，必然造成概念的混亂，導致思維無法深入進行。人們從小就訓練掌握這種最起碼的思維技巧，如：豬、牛、羊、桃就不能並列在一起，人們會把桃刪去，這是科學道理，但並不幽默。

類比幽默的幽默感是「比」出來的，其情趣也是「比」出來的。

類比幽默是把風馬牛不相及的一些概念，或彼此之間沒有歷史的或約定俗成的聯繫的事物放在一起對照比較，顯得不倫不類，以揭示其差異之處，即不協調因素。它能使人在會心的微笑或難堪的境況中開啟心智，受到教育。

人們都清楚，微妙的男女關係裡，有不少玄妙的心理因素支配著，要是你能巧妙地掌握和運用這些因素為自己服務，你將戰無不勝！而這裡所說的技巧就是幽默。

男人在沒有競爭的情況下，獲得女性的青睞後，他的自大心理便會油然而生，自以為很了不起，並且在自大之餘，還會小看那位小姐，不珍惜那段情感。因此，女性這時就有必要抬高自己的身分去對付他，以便獲得較公平的對待。這時幽默是絕佳工具。

因為男人有保護、支配女人的慾望，同時對於容易獲得的感情常漠然視之，而對不易到手的卻有著憧憬的傾向。巧妙控制這一心理，用實用效果極佳的類比幽默術是再好不過的了。

女朋友：「我得告訴你，今天我接吻了五次。」

男朋友：「什麼？你說你今天是第五次接吻了？」

女朋友：「是！」

男朋友：「還有四個，是誰？」

女朋友（故意停頓一下）：「蘋果、橘子、薔薇、姐姐的孩子。」

這裡的幽默之趣就在於那不相稱的排列上，一時把男朋友的心搞得七上八下，會讓他永遠記住這一次的吻。你的智慧使他認為你是有價值的女性，而對你另眼相看。

操作類比幽默術時，要注意將智慧和超脫精神結合起來，因為你的智慧能幫你

選擇多種的類比物件，而你的超脫精神則能保證你不受一些不合理或常規思想的束縛。

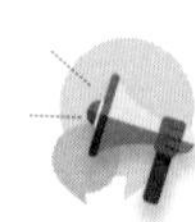

「相逢一笑泯恩仇」，有效緩解負面情緒

幽默是緩解緊張、去除畏懼、平息憤怒的最好方法。幽默是化解敵意的良藥。

第二次世界大戰期間，許多美國士兵離鄉背井投入歐洲戰場，只能藉書信聊解思鄉之情。

有個美國大兵接到家鄉女友的來信，欣喜地拆開展讀後，臉上的笑容頓時僵住了。

原來他日夜思念的女友在信中提到，她已經另外有了新的男朋友，想藉這封信結束彼此的來往，並請他將自己以前寄給他的相片寄還給她，以免日後徒生困擾。

美國大兵惱怒了幾天，心情終於平定下來，他立即四處向隨軍護士及女性軍官索取相片。

他將得來的十餘張相片寄回給女友，並附了一張短箋：「這些都是我女友的相片，我忘了哪張是你的。請自行選出你的相片，其餘寄回，謝謝。」

故事中的美國大兵和一般人雷同，採取報復的方式，只是在其中多加了幽默的處方，足以令他已變心的女友有啼笑皆非的驚愕反應。

幽默的語言往往給人以詼諧的情趣，又使人在笑意中有所領悟，因而幽默往往是緩解緊張、去除畏懼、平息憤怒的最好方法。

幽默是化解敵意的良藥，利於處理好人際關係。有時我們也能以有趣且有效的方式，來運用敵意的幽默——因為當我們把自己放進其中時，原本敵意的幽默也就變成沒有敵意了，這時我們就可以如教育學家和心理學家所謂的「表現於外」了。

你不一定要像演員那般去「表演」。任何時候、任何地點，你都站在人生的舞臺上。你都能將心底所想表現出來，解決你的困難、怨恨、痛苦和困窘。更重要的是你也能夠幫助他人，讓他們看到如何將個人的困擾表現出來。

說來似乎有點矛盾，敵意的幽默能提供某種關懷、情感和溫柔。

在特殊情況下，抓住時機把憤怒轉化為幽默。不管多激憤的言行，只要把它誇張到非常荒誕的程度，憤怒的情緒就能緩和，因為荒誕到極點就產生了虛幻性。

憤怒與幽默是完全不相同的。幽默是一種寬容大度的表現，幽默家的本領不是放任自己怒氣衝天，而是抑制怒氣，化解怒氣，使自己的人際關係向好的方向發展。

從憤怒轉向詼諧是很困難的，如果荒誕達不到這樣的極端，是不能令人在怒火之餘笑出聲來的。

憤怒是直接針對所要攻擊的對象，一旦攻擊，輕則怒目而視，悻悻不已，重則惡意謾罵，大動干戈。憤怒離幽默甚遠，當情感緊緊被傷害對方的意向所控制，就很難從中解脫出來，更不可能從另一方面著想，去考慮對方的自尊或對對方的愚昧做悲天憫人的退讓，更不可能對自己做冷靜的審視，做自我調侃。所以，只有具有幽默感的人才能化怒為趣。

幽默是人類健康的保護神。幽默能使我們精神健康，富於創造性，它能通過一種娛樂形式，減少我們的壓抑與憂傷，通過笑釋解人與人之間的隔閡與冷漠，消除困擾人類的敵意，消除人類活動中的偏見與誤解，成為溝通人們情感的熱線。

一個省議員覺得受到了別人的侮辱，他頓時怒氣衝天。他迫不及待地想報復，但一時又找不到什麼方法。結果，他的行為舉止好像一個小學生在遇到同樣困難時的行動一樣幼稚。這時，小學生們往往是去找老師告狀，說出對方的不好，要求老師去懲罰他的敵人，這個議員則是去主席那裡申訴。

這次這個議員找的是麻省省議會的主席柯立芝。這個議員所受的委屈使他相信，柯立芝一定會替他當場主持公道的，但是，柯立芝卻以一種非常幽默的口氣對付過去了。

糾紛是這樣引起來的。當一個議員在做一篇很漫長的演講時，他覺得對方佔用的時間太長，就走到對方跟前低聲說：「先生，請你能不能快點……」話未說完，那個正在演講的議員便回過頭來，用嚴厲的口氣低聲呵斥他道：「你最好出去。」然後仍舊繼續演講。

於是，這個受了委屈的議員走到主席面前說：「柯立芝先生，你聽見某某剛剛對我說的話了嗎？」

「聽見了，」柯立芝不動聲色地答著，「但是，我已經看過了有關的法律條文，你不必出去。」

這種回答實在是太聰明了。柯立芝把那位議員的憤怒當成了玩笑。他不讓自己捲入這種兒童式的爭吵的漩渦中去，就是因為他能看出這種無聊的爭吵的幽默之處。

在把事情弄得很緊張、很嚴重的時候，能在這種白熱化的僵局中看出其中所包含的幽默成分，這樣便能鎮定自若，超然物外。有了這種心理素質，便可以巧妙地避免麻煩、糾紛。如果柯立芝對於爭吵也採取一種較勁的態度，那對於大家又有什麼好處呢？無非是更加激化兩方面的爭吵。而由於採取了一種幽默的態度，柯立芝便可以緩解那種大傷感情的糾紛，從而制止了雙方的爭論。

反向求因，將自我調侃和諷喻他人巧妙結合

自我調侃和諷喻他人巧妙地結合在一起。

反向求因幽默術在人際交往中很有實用價值。

反向求因幽默法就是要求在推理過程中善於鑽漏洞，特別是往反面去鑽漏洞，把極其微小的巧合的可能性，當作立論的出發點。

有一次，蕭伯納收到英國著名女舞蹈家鄧肯的一封熱情洋溢的信。信中說，如果他倆結合，養個孩子，那對後代將是好事，「孩子有你那樣的腦袋和我這樣的身體，那將會多美妙啊！」

在回信中，蕭伯納表示受寵若驚，但他不能接受這樣的好意。他說：

「那個孩子的運氣可能不那麼好，如果他有我這樣的身體和你那樣的腦袋，那可就糟透了。」

蕭伯納的幽默的特點，是把自我調侃和諷喻他人巧妙地結合在一起了。

愛因斯坦初到紐約，在大街上遇見一位朋友，這位朋友見他穿著一件舊大衣，勸他更換一件新的。愛因斯坦回答說：

「沒關係，在紐約誰也不認識我。」

幾年以後，愛因斯坦名聲大振。這位朋友又遇見他，他仍然穿著那件大衣。這位朋友勸他去買一件新大衣。愛因斯坦說：「何必呢，現在這裡的每一個人都認識我了。」

愛因斯坦的過人之處不僅在於淡泊，而且在於肯定相同衣著時，卻運用了形式上看來是互不相容的理由，以不變應萬變。不管情況怎麼變幻，行為卻一點也不變。

反向求因法的特點，就是把一個極其微小的可能性當成現實，雖不能最後取消對方提出的另一種更大的可能性，但這種類型的方法更具有喜劇性，是另一種完全否定了原來因果關係的幽默方法。

一位叫約翰的病人問醫生：「我能活到一百歲嗎？」

醫生檢查了一下約翰的身體後，問道：「你今年多大啦？」

病人說：「四十歲。」

「你有什麼嗜好嗎？比如說，喜歡飲酒、吸煙、賭錢、女人，或者其他的嗜好？」

「我最恨吸煙、喝酒，更討厭女人。」

「天哪，那你還要活到一百歲幹什麼？」

本來讀者的期待是：戒絕煙酒女人能得到肯定的評價，其結果則不但相反，而且把這一切當成了生命意義。否定了這一切，就否定了活到一百歲的價值，那就是這一切的價值高於長命的價值。

反向求因幽默術在人際交往中很有實用價值，它能讓你在情況極端變幻的情況下，找到有利於自己的理由，哪怕互相對立的理由，也都能為己所用。

馬克・吐溫有一次在回答記者提問時說：「美國國會中有些成員是婊子養的。」

國會成員們都大為震怒，紛紛要求馬克・吐溫澄清或道歉，否則便要訴諸法律。

幾天以後，馬克・吐溫的道歉聲明果然登出來了：「日前本人在酒席上說有些國會議員是婊子養的。事後有人向我大興問罪之師，經我再三考慮，深悔此言不妥，故特登報聲明，把我的話修正如下：『美國國會中有些議員不是婊子養的。』」

表面上是馬克・吐溫做了一百八十度的大轉彎，實際上是他做了一個概念遊戲，「有些是」就意味著有些不是，而「有些不是」就意味著有些是。在形式上是從肯定到否定，而實際上是否定暗示著肯定。

幽默法在生活中的另一個應用就是，對於某些不守規矩的人，盡可能使用這種顛倒法，讓他受到一定教訓。

阿凡提當理髮師，大阿訇來剃頭，總是不給錢，阿凡提想找機會整治他一下。一天，大阿訇又來理髮。阿凡提先給他剃光了頭，在刮臉的時候，問道：「阿訇，您要眉毛嗎？」

「要，當然要！」

「好，您要我就給您。」阿凡提說著「嚓嚓嚓」幾刀，就把阿訇的兩條眉毛刮了下來，遞到他手裡。阿訇氣得說不上話來。

「阿訇，你要鬍子嗎？」阿凡提又問。阿訇害怕再上當，連忙說：「不要！不要！」阿凡提連聲說好，「嚓嚓嚓」又是幾刀，他把阿訇的鬍子全部剃了下來，扔掉了。阿訇叫苦連天，再也不敢欠阿凡提的錢了。

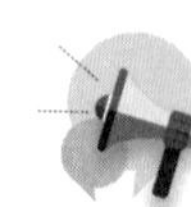

以謬攻謬，緩和一觸即發的矛盾

謬論要求越荒謬越好，越荒謬幽默色彩越強烈。以謬攻謬幽默的特點是後發制人。

歸謬法，追根究底是將對方的觀點歸結到荒謬的程度，從而顯現其荒謬性，也就在同時，產生了幽默。在家庭生活中、社會交際中，針鋒相對的爭執常引起不良的後果，而以謬還謬的幽默，把一觸即發的矛盾緩和。

十九世紀末，倫琴發現射線後收到一封信，寫信者說他胸中殘留著一顆子彈，須用射線治療，他請倫琴寄一些倫琴射線和一份說明書給他。

倫琴射線是絕對無法郵寄的，如果倫琴直接指出這個人的錯誤，並無不可，但多少有一點居高臨下教育的意味，倫琴採用了以謬還謬法。

倫琴提筆寫信道：「請把你的胸腔寄來吧！」

由於郵寄胸腔比郵寄射線更為荒謬，也就更易傳達命琴的幽默感。這樣的回答是給對方留下了餘地，避開了正面交鋒的風險。

連鎖歸謬法是歸謬法的經典展現，利用連鎖反應「一是百是，一非百非」的特點，推出荒唐的結論。我們通常用「連鎖反應」一詞來表示一事物發展過程中呈現出的嚴格因果聯繫，其實在幽默的具體應用中，往往也有相同的情況。然而簡單一般的因果推理，並不見得有出其不意的幽默功能，為了將幽默的主題不斷地推向高潮，強化幽默的效果，還必須將連鎖推理與歸謬法有機地結合起來，歸謬法是就推理的結果而言的。在具體推理過程中用連鎖法，在最後結論上用歸謬法，這就是這裡所說的連鎖歸謬法的基本程序。

一位語文老師拿著一疊作文本走進教室，進行作文評講。作文題目是《記一件有意義的事》，結果全班五十個同學中，有四十個同學分別救了一個落水的小孩。這位語文老師決定要學生重做一篇作文，他是這樣對學生說的：「同學們，這次作文寫得好不好呢？我先不下結論，下面先請大家算一道算術題。一個班級五十個學生，有四十個學生分別救起一個落水小孩，按這個比例，全校一千三百個學生一共救了多少落水小孩？全國兩億學生一共救起多少落水小孩？」

聽老師這麼一問，全班學生哄堂大笑！許多學生異口同聲地說：「老師，讓我們重新寫一篇真實的！」

這個帶有啟發性質的歸謬法幽默，教育效果是如此之高，學生們異口同聲地主動要求重寫作文，從另一個側面展現了歸謬法幽默的魅力。

在運用歸謬法的時候，所引申出來的謬論要求越荒謬越好，越荒謬幽默色彩越強烈。下面看一個古希臘的幽默小故事。

一場可怕的暴風雨過去後，一位大腹便便的暴發戶對阿里斯庇普說：「剛才我一點也沒害怕，而你卻嚇得臉色蒼白。你還是個哲學家，真不可思議。」阿里斯庇普回答說：「這並不奇怪，我害怕，是因為想到希臘即將失去一位像我這樣的哲學家……但是，你有什麼可擔心的呢？你如果淹死了，希臘最多也不過是損失了一個白癡！」

故事中，阿里斯庇普沒有否認自己的害怕，他的聰明之處是在暴發戶結論的基礎上，另闢蹊徑，為暴發戶的結論做了一個更加幽默的解釋，從而將暴發戶的結論推上不打自敗的境地。這種方法從表面上來看是荒謬的，但實際上通過智慧的轉化，往往能夠謬中求勝。從這一點來看，它一點也不荒謬，而且處處閃耀著智慧的靈光。

這種以謬攻謬的幽默特點是後發制人的。關鍵不在於揭露對方的錯誤，而是在荒謬升級中共用幽默之趣。而要達到這個目標，得有模仿對手推理錯誤的能耐。

在人際交往中，互相幽默的攻擊有兩種。一種是純粹戲謔的，主要為了顯示親切的情感引起對方的共鳴，或者為了展示智慧，引發對方欣賞。一種是互相鬥智性的，好像進行幽默外的比賽，互相爭上風，這時的攻擊性更重要。當然有時攻擊性是很兇猛的，但表現形式是很輕鬆的。不管有無攻擊性，都以戲謔意味升級為主。將謬就謬乃是使戲謔意味升級的常用辦法，即明明知道對方錯了，不但不予以否定，反而予以肯定，而肯定的結果是更徹底的否定。

吃得眼前虧，享得身後福，玩轉一擊即中的說服術

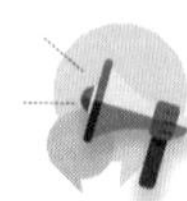

站在別人的立場，從「心」出發

要說服對方贊同你的觀點，你必須與說服對象站在一起。說服別人按照自己的意圖去辦事的秘訣就在於攻心。站在別人的立場上，將心比心才能真正達到說服對方的目的。

說服別人不是一件容易的事，要說服對方贊同你的觀點，你必須與說服對象站在一起，做到「將心比心」，兩者的關係越融洽，說服越容易取得成功，這是因為人類有一個共同的天性，即喜歡聽「自己人」說的話。美國紐約市立大學的心理學家哈斯也說過：「一個釀酒專家也許能給你許多理由，為什麼某一種牌子的啤酒比另一種牌子的要好。但如果你的朋友，不管他對啤酒是否在行，教你選購某種啤酒，你很可能聽取他的。」

「將心比心」是站在對方的角度謀劃和考慮，理解對方的心理、對方的需求、對方的困難，因此這種說服方法容易使對方接受，並能達成統一認識。

傑克・凱維是加洲一家電器公司的科長，他一向知人善任，並且每當推行一項計畫時，總是不遺餘力地率先作榜樣，將最困難的工作承攬在自己的身上，等到一切都上了軌道之後，他才將工作交給下屬，而自己退身幕後。雖然，他這種處理事情的方法是很好的，但他太喜歡為他人作表率，所以常常讓人覺得他似乎太驕傲了。

最近不知怎麼回事，一向精神抖擻的凱維卻顯得無精打采。原來最近的經濟極不景氣，資金方面週轉不靈，再加上預算又被削減，使得科裡的機能差點停頓。凱維看這種情形若繼續下去，後果一定不可收拾。於是他實施了一套新方案，並且鼓勵職工：「好好幹吧！成功之後一定不會虧待你們的。」但沒想到眼看就要達到目標，結果還是功虧一簣，也難怪他會意志消沉了。平日對凱維極為照顧的經理看了這些情形後，便對他說：「你最近看起來總是無精打采的，失敗的挫折感我當然能夠瞭解，但是我覺得你之所以會失敗，乃是因為你只是一味地注意該如何實現目標，卻忽略了人際關係這種軟體的工程，如果你能多方考慮，並多為他人著想，這種問題一定能夠迎刃而解。」經理停頓了一下，又接著說，「大丈夫要能屈能伸，才是一個好的管理人員。我覺得你就是進取心太急切了，又總喜歡為職工作表率，而完全不考慮他們的立場，認為他們一定能如你所願地完成工作，結果倒給了職工極大的心理壓力。大概也就是因為這個緣故，所以大家都說你雖然能幹，但你的部屬卻很難為。每個人當然都知道工作的重要性，所以你實在大可不必再給他們施加壓力。你好好休息幾天，讓精神恢復過來，至於工作方面，我會幫助你的。」

傑克・凱維的一段親身經歷讓我們知道，必須站在別人的立場，將心比心才能真正達到說服對方的目的，否則，再多的自信和能力，也無法讓別人服從你。會打棒球的人都知道，當我們要接球時，應順著球勢慢慢後退，這樣的話球勁便會減弱，與此相似，我們在說服他人的時候，如果能將接棒球的那一套運用過來，相信說服會變得更容易。

有些很微不足道表現出來的在感情上與你的聽眾的親近感與認同感，往往會使你得到巨大的感情回報和共鳴。而一旦建立了這種感情共鳴，就不需要任何苦口婆心地勸誡與說服。

真田廣之替已過世的父親守靈時，他的老家離東京很遠，即使坐電車也要花三個鐘頭的時間。而且那時的電車還不像現在這樣每一小時發一班車，所以可以說交通很不方便。當時他心裡想：「外地的親戚朋友是不可能前來憑弔的了。」但出乎意料的是，在整個晚上都沒有任何一個親屬到來的情況下，一個女子突然出現在他的面前。

「田中小姐，你怎麼來了……」

當時真田簡直感動得難以言喻，因為她不過是他的一名同事而已，真難以想像她會在下班之後，搭乘電車趕到他的老家來。況且當時天色已經很晚，她又不太認得路，肯定是挨家挨戶詢問才找到他家的。「你經常來這裡？」

「不，今天是第一次……」

「太謝謝你了！」

真田簡直感動得不知道該說什麼才好，心裡只是覺得她是個多麼好的同事啊！這位同事的確擁有很好的人際關係，在公司裡，不論男女都是這麼認為的。她得到了大家的信任，只要是她說的話，大家都認為不會錯，而且也願意按照她說的去做。這同時也表示，她是個說服力極強的人。

經過那晚的談話，真田明白了她之所以說服力極強的秘密。也就是她總是能以情動人，而說服別人按照自己的意圖去辦事的秘訣就在於攻心。平時別人遇到什麼麻煩，田中小姐總是會伸出援助之手，這令所有人都為之感動。先得了人心，別人自然會心甘情願聽她的話。

林肯在當律師時曾碰到這樣一件事：有一位老婦人是獨立戰爭時一位烈士的遺孀，每月只靠撫恤金維持風燭殘年。前不久出納員非要她繳納一筆手續費才准領錢，而這筆手續費相當於撫恤金的一半，這分明是勒索。

林肯知道後怒不可遏，他安慰了老婦人，並答應幫助她打這個沒有憑據的官司，因為出納員是口頭勒索。

開庭後，因原告證據不足，被告矢口否認，情況顯然很不妙。林肯發言時，上百雙眼睛都盯著他。林肯首先把聽眾引入對美國獨立戰爭的回憶，他兩眼閃著淚花，述說愛國戰士是怎樣揭竿而起，又是怎樣忍饑挨餓地在冰天雪地裡戰鬥。漸漸地，他的情緒激動了，言辭猶如挾槍帶劍，鋒芒直指那個企圖勒索的出納員。最後他以嚴正的假設，做出了令人怦然心動的結論：

「一七七六年的英雄早已長眠地下，可是他們那衰老而可憐的遺孀還在我們面前，要求代她申訴。這位老人也曾是位美麗的少女，曾經有過幸福愉快的生活。不過，她已犧牲了一切，變得貧窮無依，不得不向自由的我們請求援助和保護，而這自由是用革命先烈的鮮血換來的。試問，我們能視若無睹嗎？」發言至此，戛然而止。聽眾的心腑早被激動了：有的捶胸頓足，撲過去要撕扯被告；有的淚涕漣漣，當場解囊捐款。在聽眾的一致要求下，法庭通過了保護烈士遺孀不受勒索的判決。

由此可見，唯有真摯的感情才能打動人、說服人，說服必須從「心」開始。

瞭解對方的追求，以「利」服人

要用利益來喚起對方的關心，然後再說服、誘導。說服他人要攻其要害，而逐利是每個人的通病。

通常我們行動的目的都是「為自己」，而非「為別人」，這是人的本性使然。如果能夠充分理解這一點，那麼想要說服他人就變得非常容易了。只要瞭解對方真正想追求的利益，進而滿足他的私慾，便可獲得很好的勸服效果。

作為鋼鐵大王的卡內基卻對鋼鐵製造不甚瞭解，他成功的原因何在呢？就在於他知道如何統禦眾人、說服別人。

當他還是個孩子的時候，在田野裡抓到兩隻兔子，他很快就替它們築好了窩，但發現沒有食物，因此他想到了一個妙計，把鄰居小孩找來，如果他們能為兔子找到食物，就以他們的名字來為兔子命名。

這個妙計產生了意想不到的效果，因此卡內基永遠也忘不了這個經驗——名字的重要。

當卡內基與喬治・波爾曼都在爭取一筆汽車生意時，這位鋼鐵大王又想起了兔子給他的經驗。

當時卡內基所經營的中央能運公司，正在與波爾曼的公司競爭，他們都想爭奪太平洋鐵路的生意，但這種互相殘殺，對彼此的利益都有很大的損害。當卡內基在與波爾曼都要去紐約會見太平洋鐵路公司的董事長時，他們在尼加拉斯旅館碰面，卡內基說：「波爾曼先生，我們不要再彼此玩弄對方了。」

波爾曼不悅地說：「我不懂你的意思。」

於是，卡內基就把心裡的計畫說出來，希望能兼顧兩者的利益，他描述了合作的好處以及競爭的缺點，波爾曼半信半疑地聽著，最後問道：「那麼新公司要叫什麼名字呢？」卡內基立刻答道：「當然是叫波爾曼汽車公司啦。」

波爾曼頓時展露了笑容，說道：「到我的房間來，我們好好討論討論這件事。」

我們常常說，說服他人要攻其要害，而逐利就是人的本性，我們要學會善於利用這一點。

在英國工業革命方興未艾時，以發明發電機而聞名的法拉第，為了能夠得到政府的研究資助，去拜訪首相史多芬。法拉第帶著一個發電機的雛形，非常熱心並滔滔不絕地講述著這個劃時代的發明，但史多芬的反應始終很冷淡，一副漠不關心的樣子。

事實上，這也是無可奈何的事情，因為他只是一個了不起的政治家，要他看著這種周圍纏著線圈的磁石模型，心裡想著這將會帶給後世產業結構的大轉變，實在是太困難了。但是法拉第在說了下面這段話後，卻使原本漠不關心的首相，突然變得非常關心起來，他說道：「首相，這個機械將來如果能普及的話，必定能增加稅收。」

顯而易見，首相聽了法拉第所說的話後，態度突然有了很大的轉變。其原因就是因為這個發動機，將來一定會獲得相當大的利潤，而利潤增加，必能使政府得到一筆很大的稅收，而首相關心的就在於此。

在很多人眼裡都把利益看成最首要的，那麼以「利」服人是一大先決條件，但是，將這條最基本要件拋於腦後的卻大有人在。他們沒有滿足對方最大的利益，一心一意只是想要滿足自己的私慾。

一個人可能會同時具有想去相信人，卻並不真正相信別人的兩種心態。謹慎而頑固的人多持不信任人的態度，並以這種心態來左右自己的行為。他並不是沒有相信人的意念，但他更具有希望人家能信任他的強烈意念。對於這種人，先為他設計一套理由：「你這麼做，不但對你自己，對他人也是有幫助的。」來曉以大義，將更有說服力。

一位買賣寶石和毛皮的推銷員，對一個正在猶疑不決的主婦說：

「你用這些東西一定能使你更美，而你的先生也會更喜歡你。」

這句話的含意是說你這麼做並非全是為了自己，同時也為了你先生，她必定極樂意買下。如果更進一步地說：

「即使你買了它，若想脫手也能高價賣出，這樣對於你的家，又何嘗沒有幫助。」

對方一聽說，必定會認為她買下這個東西並非為她一人，也是為了家等等。對於一個正在猶豫不決的主婦來說，最好的方法是對她說：「不僅對你好，對整個家都好」等類的話語，必定很容易將貨品推銷出去。

這種方法並非只適用於商場。日本古代名人豐臣秀吉有一次想沒收農民的刀槍鐵器等，但遭到了農民們的激烈反對，由於他們受過太多的欺騙，對那些統治者也早已恨透了，此時若以強壓手段必然引起農民的反感。於是他便靈機一動說：「這次我要將這些沒收的武器用來製造寺廟用的器材、鐵釘等，使民眾得以供奉。並且為了國家，為了全民，更需要百姓專致於耕作上。」於是農民們便都心甘情願地將武器交出。本來那些農民不肯交出武器，但經秀吉曉以大義，便覺得還有什麼不可為的。然而，他們還是上了秀吉的圈套。在被勸說者缺乏自信的時候，為了將其導向你所設置的既定目標，必須突出這樣的利與得，而這樣的害與失最好就避而不談，這是說服對方所採取的一種策略。

循序漸進，誘使對方多說「是」

社交過程中，先討論一些彼此有共識的東西，讓對方不斷地說「是」。

應順應對方的思路強調彼此有共同語言的話題。要使對方回答「是」，問問題的方式是非常重要的。

誘使對方說「是」的方法是，開頭切勿涉及有爭議的觀點，而應順應對方的思路，強調彼此有共同語言的話題，從對方的角度提出問題，誘使對方承認你的立場，讓對方連連說「是」。

「是」的反應其實是一種很簡單的技巧，卻為大多數人所忽略。懂得說話技巧的人，會在一開始就得到許多「是」的答覆。這可以引導對方進入肯定的方向，就像撞球一樣，原先你打的是一個方向，只要稍有偏差，等球碰回來的時候，就完全與你期待的方向相反了。

日本有個小和尚聰明絕頂，他的名字可以說是家喻戶曉，他叫一休。他最擅長的說服方式就是誘導對方說「是」。

足利義滿把自己最喜愛的一隻龍目茶碗暫時寄放在安國寺，沒想到被一休不小心打碎了。就在這時，足利義滿派人來取龍目茶碗。

大家頓時大驚失色，不知所措，茶碗已被一休打碎，那可怎麼辦呢？

「不必擔心，我去見大將軍，讓我來應付他吧！」一休鎮定地說。

「有生命的東西到最後一定會死，對不對？」一休對將軍說。

「是。」足利義滿回答道。

「世界上一切有形的東西，最後都會破碎消失，是不是？」一休又問道。

「是。」足利義滿回答。

「這種破碎消失，誰也無法阻止是不是？」一休接著說。

「是。」足利義滿還是回答。

一休和尚聽了足利義滿的回答，露出一副很無辜的神情接著說：「義滿大人，您最心愛的龍目茶碗破碎了，我們無法阻止，請您原諒。」足利義滿已經連著回答了幾個「是」字，所以他也知道此事不宜再嚴加追究了，一休和尚和外鑑法師便這樣安然地渡過了這一難關。

一個人的思維是有慣性的，當你朝某一個方向思考問題時，你就會傾向於一直考慮下去，這就是為什麼有些人一旦沉醉於某些消極的想法之後，就一直難以自拔的道理。在人際交往中，我們應懂得並運用這一原理，與人討論某一問題時，不要一開始就將雙方的分歧亮出牌來，而應先討論一些你們具有共識的東西，讓對方不斷地說「是」，漸漸地，你開始提出你們存在的分歧，這時對方也會習慣性地說「是」。

也許有些人以為，在一開始便提出相反的意見，這樣不正好可以顯示出自己的重要而有主見嗎？但事實並非如此，在現實生活中，這種「是」反應的技術很有用處。

詹姆斯・艾伯森是格林尼治儲蓄銀行的一名出納，他就是採用這種辦法，挽回了一位差點失去的顧客。艾伯森先生敘述說：

「有個年輕人走進來要開個戶頭，我遞給他幾份表格讓他填寫，但他斷然拒絕填寫有些方面的資料。

在我沒有學習人際關係課程以前，我一定會告訴這個客戶，假如他拒絕向銀行提供一份完整的個人資料，我們是很難給他開戶的。但今天早上，我突然想，最好不要談及銀行需要什麼，而是顧客需要什麼。所以我決定一開始就先誘使他回答『是，是的』。於是，我先同意他的觀點，告訴他，那些他所拒絕回答的資料，其實並不是非寫不可。

『但是，假定你碰到意外，是不是願意銀行把錢轉給你所指定的親人？』

『是的，當然願意。』他回答。

『那麼，你是不是認為應該把這位親人的名字告訴我們，以便我們屆時可以依照你的意思處理，而不致出錯或拖延？』

『是的。』他再度回答。

年輕人的態度已經緩和下來，知道這些資料並非僅為銀行而留，而是為了他個人的利益。所以，最後他不僅填下了所有資料，而且在我的建議下，開了一個信託帳戶，指定他母親為法定受益人。當然，他也回答了所有與他母親有關的資料。

由於一開始就讓他回答『是，是的』，這樣反而使他忘了原本存在的問題，而高高興興地去做我建議的所有事情。」

讓對方在一開始就說「是，是的」。假如可能的話，最好讓對方沒有機會說「不」。

很多人先在內心製造出否定的情況，卻又要求對方說「好」，表現肯定的態度，這樣做是不可能讓對方點頭的。假如你要使對方說「好」，最好的方法是製造出他可以說「好」的氣氛，然後慢慢地誘導他，讓他相信你的話，他就會像是被催眠般地說出「好」。換句話說，你不要製造出他可以表示否定態度的機會，一定要創造出他會說「好」的肯定氣氛出來。

1. 讓對方不得不說「是」或「好」

當你向別人發問，你可以連續不斷地追問下去，而最後使對方不得不說「好」。這是製造肯定氣氛最高明的技術，也是讓對方點頭的第一種妙方。

譬如當你看到某樣商品，你先連續問對方五、六次：「它的顏色很漂亮吧？」「它的手工很精細吧？」「它的造型很完美吧？」「它的……」讓對方答出一連串的「是」之後，你再問他原先你想獲得他肯定回答的問題，那他一定會說「是」。因為在此之前，他已被你催眠似的說「是」，很自然的，在回答你這關鍵問題時，他也會說「是」。

2. 提問暗示你想要的肯定答案，不給對方說「不」的機會

所以，要使對方回答「是」，問問題的方式是非常重要的。什麼樣的發問方式比較容易得到肯定的回答呢？當然是你的問題已經暗示了你所想要得到的答案，這就是使對方點頭的第二種妙法。絕不給對方選擇的機會，也就是說「不」的機會。

譬如當你在說服別人購買你的商品時，不應該問顧客喜不喜歡、是否想買。你應該問他：「你一定喜歡，是吧！」「你一定很想買，是吧！」你必須用「這顏色很漂亮吧」來代替「這顏色很漂亮嗎」，因為，你問他「顏色漂亮嗎」，他可以回答「不漂亮」。可是，你問他「顏色很漂亮吧」，他就不得不回答「是的，很漂亮」。

3. 在對方沒點頭之前，自己先點頭說「是」

第三種使對方點頭或說出肯定答案的妙方是，當你向對方發問而他還沒有回答之前，自己也要先點頭。你一邊發問一邊點頭，可以誘導他更快點頭。因為你的行動和態度會誘導對方的行動和態度，所以只要善用此原理，就會更快地得到對方肯定的答案。

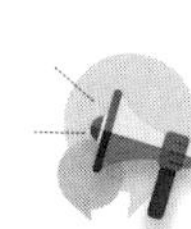

沉默是金，緘默往往比說教更有力量

緘默可以吸引對方注意，產生好奇。
緘默比說教更有力量。
緘默能使人就範。

美國藝術家安迪・霍爾曾經告訴他的朋友說：「我學會閉上嘴巴後，獲得了更多的威望和影響力。」沉默是金，有時沉默不語能夠出奇制勝，如果滔滔不絕，反而有理說不清。

大凡有大智慧者一般都不會亂講話。大家一般都認為說服需要憑藉滔滔不絕的好口才。其實，偶爾採取沉默戰術，同樣可以達到說服的效果。因為沉默可以引起對方注意，使對方產生好奇，產生瞭解你的意願，進而達到你的勸服目的。緘默具有強大的說服力量，我們必須注意的一點是，運用緘默說服時必須恰到好處。

一家著名的電機製造廠召開管理員會議，會議的主題是「關於人才培育的問題」。會議一開始，山崎董事就用他那特有的聲音提出自己的意見。

「我們公司根本沒有發揮人才培訓的作用，整個培訓體系形同虛設，雖然現在有新進職員的職前訓練，但之後的在職進修卻成效不彰。職員們只能靠自己的摸索來熟悉自己的工作，很難與當今經濟發展的速度銜接在一起，因而造成公司職員素質水準普遍低下、效益不高。所以我建議應該成立一個讓職員進修的訓練機構，不知大家看法如何？」

「你所說的問題的確存在，但說到要成立一個專門負責培訓職員的機構，我們不是已經有ＯＪＴ（On the Job Training職員訓練）了嗎？據我瞭解，它也發揮了一定的功用，我認為這一點可以不用擔心……」

「誠如社長所說，我們公司已經有ＯＪＴ組織，但它是否發揮實際作用了呢？實際上，職員根本無法從中得到任何指導，只能跟著一些老職員學習那些已經過時的東西，這怎麼能夠將職員的業務水準迅速提升呢？而且我觀察到許多職員往往越做越沒有信心、越做越沒幹勁。所以，我認為ＯＪＴ的功能不彰，所以還是堅持……」

「山崎，你一定要和我唱反調嗎？好，我們暫時不談這個話題，會議結束後，我們再做一番調查。」

就這樣，一個月後公司主管們重新召開關於人才培訓的會議，這次社長首先發言。

「首先我要向山崎道歉，上次我錯怪他了，他的提案中所陳述的問題確實存在。這個月我對公司的ＯＪＴ進行了抽樣調查，結果發現它竟然未能發揮應有的功效。因此，今天召集大家開會，是想討論一下應該如何改變目前人才培養的方法，請大家盡量發表意見吧！」

社長的話一出口，大家就開始七嘴八舌地提出建議，但令人奇怪的是，這一次山崎董事卻始終一語不發地坐在原位，安靜地聆聽著大家的意見，直到最後他都沒說一句話。

會議結束以後，社長把山崎董事叫進社長辦公室晤談，「今天你怎麼啦？為什麼一句話也不說？這個建議不是你上次開會時提出來的嗎？」

「沒錯，是我先提出來的。不過上次開會我把該說的都說了，其實那無非是想引起社長你對這個問題的重視罷了。現在目的已經達到，我又何必再說一次呢？還不如多聽聽大家的建議。」

「是嗎？不錯，在此之前我反對過你的提議，你卻連一句辯解也沒有。今天大家提出的各種建議都顯得很空洞，沒有實際的意義，反倒是你的沉默，讓我感到這個問題帶來的壓力。這樣吧，這件事就交給你去辦好了！今天起由你全權負責公司的人才培訓工作，請好好努力吧！」

具體來說，緘默有以下「威力」：

1. 緘默比說教更有力量，更有教育意義

一天，傑克拿了同學一件好玩的玩具，晚飯前回到了家，裝出一副若無其事的樣子，同往常一樣笑吟吟地說：「爸爸，我回來了！」緘默。「媽媽，我餓了。」緘默。「怎麼了？」緘默。「我沒做錯事啊！」也是緘默。媽媽眼睛瞪著他，爸爸背對著他，全家都冷冰冰地對待他。他終於不攻自破了：「爸爸媽媽，我錯了……」

2. 緘默能發人深省，催促人主動思考問題

有些人態度很積極，但發表意見時不免有些偏頗，直截了當地駁回，又易挫傷其積極性，循循誘導又費時，精力也不允許，最好的辦法便是平平淡淡的緘默。他說什麼，你盡管聽，「嗯」、「啊」……什麼也不說，等他說夠了，告辭了，再用適當的不帶任何觀點的中性詞和他告別：「好吧！」或「你再想想。」別的什麼也不說。如此，他回去後定然要竭思盡慮：「今天談得對不對？對方為什麼不表態？

錯在哪裡？」也許他會向別人請教，或許會自己悟出真諦。

3. 緘默能徒手使人就範，使人乖乖服從

某上司有一次交代屬下辦一件任務艱鉅的工作，對下屬而言，他能勝任。交代之後，對方講起了條件。該上司二話不說，保持緘默，只是靜觀其變。「困難大……」「條件差……」「時間緊……」上司還是沉默，說著說著他就不說了。最後說了一句：「好吧，我盡力完成。」

旁敲側擊，繞個圈子表達更有效

正面說服不能奏效時，要繞個圈子旁敲側擊。側面說服並非是歪打正著，而是利用對方的心理達到說服的效果。變換角度進行說服比正面勸服更有效。

著名的出版業巨人哈斯特是從創辦一份小型報紙起家的，經過幾年的奮鬥，他擁有了二十三家報紙和十二種雜誌。一次，這位傑出的人物遇到了一件令人煩惱的事情：著名的漫畫家納斯特為他繪製了一幅令他大失所望的漫畫。

哈斯特覺得這樣子可不行，一定要想辦法讓他重畫一張令人滿意的圖畫才行，可是怎樣才能讓那位著名的漫畫家能夠重畫一張傑出的作品呢？而且，還有一個問題就是，這樣一來，原先那幅失敗的作品就會因此而報廢，他一定會有受挫感的，怎樣才能讓他愉快地重畫呢？

當天晚上，大家一起共進晚餐的時候，哈斯特著重對那幅失敗的作品好好地讚賞了一番，他表示：「本地的電車時常讓許多小孩子不慎傷亡，有的時候，駕駛電車的司機看上去簡直不像活人，倒像個死人。照我自己看來，那些人好像只是瞠目結舌地看著孩子們在街上玩耍，卻毫無顧忌地衝上前去。」這時，納斯特激動地一躍而起，驚奇地說道：「老天！哈斯特先生，這個場景足以畫出一張讓人震撼的圖畫來啊！你把我那張畫作廢吧，我給你重新畫一張更出色的。」就這樣，納斯特異常激動地待在旅館裡，連夜趕製這幅漫畫，第二天果然就送來了一幅異常深刻的漫畫。

精明的哈斯特誘使納斯特主動提出將自己的畫作廢，並自願加班趕製一幅新的畫作，是哈斯特利用暗示來將看似突發奇想的靈感，不著痕跡地移植到了納斯特的心裡，以致納斯特興致勃勃地完成了一幅新的傑作。

對於情緒抵觸的人，正面說服雖然能夠表達說服者的誠心，卻不能達到解除對方抵觸的目的，而如果在形式上加以改變，卻能達到重點說服所不能達到的效果。

日本人在第二次世界大戰中，不知上演了多少殺身成仁的武士道悲劇，但有一位美國兵用一句玩笑話，卻曾使十幾個拼死頑抗的日本兵乖乖地投降。

那是在第二次世界大戰末期，美軍付出很大代價攻佔了太平洋上的一座日本島嶼。最後的十幾名日本士兵退到一個山洞裡，無論洞外美軍怎麼喊話，他們拒不繳槍，並拼命朝外射擊，美軍此時真是無可奈何。忽然有一位美國兵靈機一動，半開玩笑式地向洞裡的日本兵作出一個許諾：如果投降，就讓他們去好萊塢一遊，看一看影星們的風采。沒想到這句話引來了意想不到的效果，槍聲停止了。那些剛才還開槍頑抗的日本兵一個個爬出了洞穴，繳槍投降了。最後，美軍司令部為了維護信譽，竟真的安排這些俘虜飛抵好萊塢，大飽了一次眼福。

側面說服並非是歪打正著。二十幾歲的日本兵雖被灌輸了不少武士道精神，但正當年少，哪個不做少年郎的夢？好萊塢是個夢幻的世界，它吸引著成千上萬世界各地的年輕人的心，對於這些無視生命的日本兵來說，卻有著超凡的魅力。美國兵正是利用了這種心態，達到了說服的效果。

約翰的公司正值生意興隆之際，忽然因一件意外的事件瀕臨破產。約翰回到家中，痛哭流涕，想到這二十年的艱難創業即將毀於一旦，他的精神陷入極端絕望的境地。他不吃飯不睡覺，心裡滿是自殺的念頭。妻子瓊開始也和約翰一樣悲痛欲絕，但她看到約翰的樣子，明白該是自己拿出勇氣的時候了。她一遍遍地勸慰約翰，說些「忘記這一切，從頭幹起」的鼓勵話。但約翰好像沒有聽到，依然沉湎於自己的絕望心境中。瓊看到正面的勸慰不能奏效，心中一動，計上心來，她坐在約翰的身旁，大哭了起來，一邊哭一邊訴說起今後生活的可怕，「你的公司破產了，我們這個家可怎麼辦，兩個孩子的學費怎麼籌，我怎麼去向孩子們解釋，他們將不能和同學一起去渡假。」瓊哭得那麼傷心，約翰在妻子哭聲中從迷茫的狀態下慢慢清醒了過來。他想起了自己對妻兒的責任，想起這個打擊也同樣降臨到了家人身上。他立刻收起了悲傷，對瓊說：「不要難過，我們重新開始。」瓊笑了，對約翰說：「看來得要扮演被安慰者才行。」關鍵時刻，瓊調轉了角色，變換了角度，使約翰重新恢復了勇氣。

巧戴「高帽」，於無形中提升勸服力

稱讚別人、故意抬高一個人，以此促其積極向上。在企圖說服對方的時候，順勢給他扣上一頂高帽子。

每個人都喜歡聽奉承話，喜歡被人讚美，我們可以利用人們的這種心理實行勸服。

一次，達爾文去赴宴，席間，與一個年輕美貌、衣著時髦的女郎坐在一起。這位美女帶點玩笑的口吻向科學家提出問題：「達爾文先生，聽說您斷言，人類是由猴子變來的，我也屬於您的論斷之列嗎？」

如果達爾文先生嚴格按科學的原理，大講物競天擇、適者生存的進化論，恐怕這位漂亮的女士會溜之大吉的。但達爾文與眾不同之處在於他的冷靜和機敏善辯，並揣測年輕女子愛漂亮的心理，巧妙地來了一句：「是的，人類是由猴子變來的。

不過，小姐您不是由普通猴子變來的，而是由長得非常迷人的猴子變來的。」說這話的時候，他顯得彬彬有禮，煞有介事。美女心中頓時消除了原有的懷疑和反對，並且對達爾文有了一點敬佩之意。

如果你希望對方達到什麼樣程度，不妨給他戴頂高帽子，他一定會不負眾望，朝著你希望的方向努力，那也正是你想得到的，你在無形中已經影響了他並勸服了他。

塞德默斯自從來到奇異電器公司任主任管理員後，他管理的部門越來越糟。但股東們並不責難他，因為他們瞭解塞德默斯並非庸才，而是一個很有能力、感覺思維十分敏銳的人，他們很有技巧地對他使用了一點機智術。

他們在無形中使塞德默斯享有了兩個頭銜，一個是職務上的，一個是非職務上的。職務上的頭銜是正式的，那就是奇異電器公司的顧問工程師，這是公司內外人人皆知的；非職務上的頭銜是非正式的，稱他為「最高法庭」，這是促使他的屬下稱呼他的尊號，表示他是公司生死成敗的最高決策者。

果然，沒過多久，塞德默斯連續創造出許多電器史上的奇蹟，隨之，公司的面貌也煥然一新。這個巧妙而有成效的謀略，不是別的，正是賞給頭銜的方法。

這種「頭銜方法」就是戴高帽子的一種運用，故意抬高一個人的高度，以此達到促其向上的目的。

從孩子的天性，我們可以發現一點：當我們有時稱讚誇獎他們時，他們是何等高興滿足。其實，他們並不一定具有我們所稱讚的優點，而只是我們期望他們做到這點而已，這就是一種典型的「戴高帽」之例。在我們與人交往時，何不也效仿這一做法呢？因為不管是大人還是小孩子，他們都喜歡別人給自己一個美名，如果他們沒有做到這一點，內心裡也會朝此目標努力，因為他們知道這樣就可以得到一個美名，獲得他人的讚許。

假如一個好工人變成粗製濫造的工人，你會怎麼做？你可以解雇他，但這並不能解決任何問題。你可以責罵那個工人，但這只能引起怨怒。

亨利・哈特最近手下有一個工人的工作成績大不如前，他並沒有拿出他的老闆的架子來，告訴他應該更加努力些，或者乾脆把他辭掉。他當然可以這麼做，但這樣會引起這名工人的憤懣，甚至會浪費一個人才。哈特是怎麼做的呢？

哈特把這位工人請到了辦公室，但是並沒有責罵他，而是非常真誠地對他說：

「比爾，你是一名很優秀的技工，實際上，在我們公司，像你這麼優秀的職員已經不多了。你在這條生產線上已經工作了好幾年了，你所修的車輛得到了很多顧客的稱讚。當然，最近你可能因為工作太累了，或者別的什麼原因，做同一件事情，你需要的工作時間比以前長了一些。我知道，這只是暫時的而已，你一定會想辦法解決這個問題的，是嗎？」

比爾告訴哈特說，他最近家裡發生了一點小事故，使他不能專心致志地工作，但是他保證盡快處理好這些事情。果然，第二天，比爾的工作效率又像以前一樣高了。

我們應該學會在企圖讓某人做某事的時候，順勢給他扣上一頂高帽子。這樣，難事就會變易事。只要你把握得當，操作有術。

有一天早晨，蘇格蘭的一位牙醫馬丁・貴茲與夫，被當地的病人指出他用的漱口杯、托盤不乾淨時，他真的被震驚了，這表明他的職業水準是不夠的。

這位病人走後，貴茲與夫醫生寫了一封信給布利特——一位女傭，讓她一個禮拜來打掃兩次，他是這樣寫的：

「親愛的布利特：

最近很少看到你。我想我該抽點時間，向你做的清潔工作致意。順便一提的是，一週兩小時，時間並不算少。假如你願意，請隨時來工作半個小時，做些你認為應該經常做的事，像清理漱口杯、托盤等等。當然，我也會為這額外的服務付錢的。」

第二天他走進辦公室時，他的桌子和椅子，擦得幾乎跟鏡子一樣亮。他進了診療室後，看到從未有過的潔淨。他給了他的女傭一個美譽促使她去努力，使她賣力地把工作做得更好。

約翰·強生是美國的大企業家。一九六〇年，他決定在芝加哥為他的公司總部興建一座辦公大樓。為此，他出入了無數家銀行，但始終沒貸到一筆款。於是，他決定先上馬後加鞭，自己設法將二百萬美元籌集起來，聘請一位承包商，要他放手進行建造，好讓他去籌措所需要的其餘五百萬美元。假如錢用完了，而他仍然拿不到抵押貸款，承包商就得停工待料。

建造開始並持續加工，到所剩的錢僅夠再花一個星期的時候，約翰恰好和大都會人壽保險公司的一個主管在紐約市一起吃飯。他拿出經常帶在身邊的一張藍圖，想激起他對興建大廈的投資興趣。他正準備將藍圖推在餐桌上時，主管對約翰說：「在這兒我們不便談，明天到我辦公室來。」

第二天，當主管斷定大都會公司很有希望提供抵押貸款時，約翰說：「好極了，唯一的問題是今天我就需要得到貸款的承諾。」

「你一定在開玩笑，我們從來沒有在一天之內為這樣的貸款進行承諾的先例。」主管回答。

約翰把椅子拉近主管，並說：「你是這個部門的負責人。只有你才有足夠的權力，能把這件事在一天之內辦妥。」

主管滿意地笑著說：「讓我試一試吧。」

事情進行得很順利，約翰在自己的錢花光之前幾小時，拿著到手的貸款回到了芝加哥。

說服，務必切中要害，用激將法迫使他就範。就這件事來說，要害是那位主管對他自己的權力觀念。

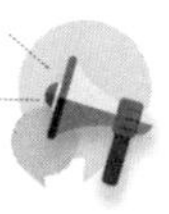

以退為進，以否定自己的方式贏得對方贊同

退一步，進兩步，先表同感是為了誘導說服。

若有人與你唱反調，

不妨以否定自己論調的方式引出對方的贊同。

以一種溫和的態度說服別人，

進而達到說服的目的。

在企圖勸服別人時，如果你是對的，你就要堅持自己的觀點，說服別人接受，最好試著以一種溫和的態度和技巧達到目的。退一步實際上可以讓你進兩步，這就是以退為進的戰術。退一步的目的是為了進兩步，先表同感是為了近而誘導說服。

在說服對方之前先承認自己的錯誤，這對於大多數人來說很難做到，然而這確實會有助於使對方同意自己的觀點。

從約翰住的地方，只需步行一分鐘，就可到達一片森林。春天，黑草莓叢的野花白白一片，松鼠在林間築巢育子，馬草長到高過馬頭。這塊沒有被破壞的林地，叫作森林公園。約翰常常帶雷斯到公園散步，這隻小波士頓鬥牛犬，和善而不傷人。因為在公園裡很少碰到人，約翰常常不替雷斯繫狗鏈或戴口罩。

有一天，他們在公園裡遇見一位騎馬的員警，這位員警迫不及待地表現出他的權威。

「你為什麼讓你的狗跑來跑去，不給它繫上鏈子或戴上口罩？」他申斥道，「難道你不知道這是違法的嗎？」

「是的，我知道，」約翰輕柔地回答，「不過我認為它不至於在這兒咬人。」

「你不認為！你不認為！法律是不管你怎麼認為的。它可能在這裡咬死松鼠，或咬傷小孩。這次我不追究，但下回再讓我看到這隻狗沒有繫上鏈子或套上口罩在公園裡的話，你就必須去跟法官解釋啦。」

約翰客客氣氣地答應照辦。

他的確照辦了——而且是好幾回。可是雷斯不喜歡戴口罩，約翰決定碰碰運氣。事情很順利，但好運不長。一天下午，雷斯跑在前頭，直向那位員警衝去。

約翰決定不等員警開口就先發制人，他說：「警官先生，這下你當場逮住我了。我有罪，我沒有藉口，沒有托詞了。你上星期警告過我，若是再帶小狗出來而不替它戴口罩你就要罰我。」

「好說，好說，」員警回答的聲調很柔和，「我曉得在沒有人的時候，誰都忍不住要帶這麼一條小狗出來溜達。」

「的確是忍不住，」約翰回答，「但這是違法。」

「像這樣的小狗大概不會咬傷別人吧。」員警反而為約翰開脫。

「不，它可能會咬死松鼠。」約翰說。

「哦，你大概把事情看得太嚴重了，」他告訴約翰，「我們這樣辦吧。你只要讓它跑過小山，到我看不到的地方——事情就算了。」

約翰沒有花很多工夫在說服對方放他一馬上，他只是搶先道了歉，主動承認了錯誤，對方就妥協了。凡人也希望得到尊重與重視，約翰讓那位員警獲得一種重要人物的感覺。

若一開始便與對方唱反調，反而對自己不利。

有一次，湯姆搭計程車，因為司機正在收聽棒球比賽的實況，所以他和司機也順便聊些有關球隊的問題。如：乙隊如何，甲隊又如何等等，當然在他尚未明瞭對方心中的意向之前，沒有輕言反對觀點，唯恐引起對方的不快，而影響到自己乘車的安全。

開始時，湯姆只是適當地附和對方，當確知對方意向與自己不甚相符時，便暫依其意，之後再以緩緩導向方式使其趨向乙方。這麼做更易為對方接受，而且能避免賓主間的不快。但這種方式只在對方無明確的主見，或其主張不理想時，方才適用。

對方正發表高見時，你不妨頻頻點頭以表同感，使對方感到你與他屬同一道上的人，即使你提出或多或少的異議，他也不會在意。於是，你便可一步步將對方誘入自己的圈套，最後，對方已不知不覺地將自己整個看法推翻。

會議在進行時，往往都會有爭論的情況發生，當雙方爭論得面紅耳赤時，爭論的重點已非原來的論據，而轉為為爭論而爭論的情況。如果某方以正面反駁，對方是絕不讓步的，最終鬧成了僵局。此時不妨運用「推不成，拉卻成」的方法試試。

如某會議的與會者分成了兩派系，甲方贊同的是A策略，乙方卻贊同B策略，雙方正僵持不下時，甲方突然有一人發表了較客觀的論點，說：

「仔細推想起來，B策略也有它的好處，並非一無可取。」

聽了甲方如此一說，乙方立刻便有一名代表起立說：

「說實在的，A策略確實相當不錯，是有其利用價值的。」

於是雙方局勢已趨緩和，同時A、B兩策略也同時被採用了，並且甲乙雙方也互相道歉言和了事，這就是「推不成，拉卻成」的典型例子。

社會上就是有許多人並非以論據去做反對，往往是意氣用事，強硬說服，為反對而反對，若有一方能稍作讓步，對方就會不再反對，從而使氣氛和緩下來。

若有人與你唱反調，以否定自己論調的方式引出對方的贊同，也是一種不錯的以退為進的策略。

收斂鋒芒，以柔克剛，巧用口才打造正面商場形象

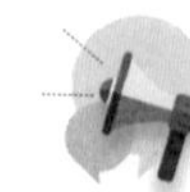

端正態度，恰到好處地推銷自己

端正你的態度。
恰到好處地推銷自己。
面試同時也是你在選擇對方。

面試對職場新人來說是一件十分重要的事，它是進入職場的第一次考驗。在面試的時候，你的語言交談技巧非常重要，因為它表現出了你的成熟程度和綜合素質的高低。或許有些面試者認為只要自己有真正的才能就行，其他一切都只是次要的問題，但你要明白的是，你的才能必須展現出來，那些雇主才會對你有興趣。在你沒有展現出來之前，你在他的眼裡毫無競爭力。

事實上，一個面試的過程，就是推銷自己的過程，你的任務就是如何說服對方購買你這件獨一無二的「商品」。那麼，具體該怎麼做才更容易成功呢？

1. 要重視你的儀表和言談態度

認識到對方有決定是否錄用你的權力的時候，你就會知道該採取一種什麼樣的儀表態度。你應該穿上你最正式的服裝，當然前提是不要過於華麗，因為你是要參加工作，而不是舞會。最好的辦法是，穿上適合你將來工作的衣服，它將使你給人一種非常勝任的感覺。同樣也是針對你將來的工作，決定是否化妝。當然即使要化妝，也不要過於濃豔刺目。

盡量提前幾分鐘到達面試地點，當你到達之後，要注意你的儀表。你需要端正地坐在座位上，安靜地等待面試人員的召喚。與面試人員禮貌地握手後，端正地坐下，與面試人員保持合適的距離。

說話的時候要禮貌、熱情和自信，要注意直視對方的眼睛。你要一直面帶微笑，這會幫助你給人一種自信的感覺。

當對方說話的時候，面帶微笑地看著他，仔細傾聽他所說的話。你應該用你的言行來對他的話表示回應，表示你正在關注他，不要打斷他的話。

你需要保持不卑不亢的態度。不要表現得低聲下氣，好像你在求對方一樣。這是一種互利的選擇，對方並沒權決定你的命運。而且如果你一旦表現得很卑下，這會讓對方對你的能力感到懷疑。

不要過於激動。即使對方表現出對你很感興趣，也不要忘乎所以，失控容易使你變得錯誤百出。即使他已經明顯地對你表示出了肯定的意向，也不要太高興了，因為事情還有轉變的可能。

2. 注意語言表達，包括聲音和語調

注意你說話的語言。你說話的聲音和語調代表了你的性格、態度、修養和內涵。對一個陌生人來說，這種聲音的特點，會更加明顯地傳達這些重要的資訊。務必使你的口齒清晰、語言流利，不要含糊不清、吞吞吐吐。如果你能使你的每一個吐字都十分清楚地表達出來，會給人一種自信和頭腦清晰的感覺。在現在的職場中，你的綜合素質將得到更多的重視，而不僅僅是你的知識和智力。

保持適當的音量、語調和語速。如果你平時的聲音非常小，那麼盡量提高你說話的音量，因為聲音小總是給人一種懦弱、不自信的感覺。但是也不要使你的聲音音量過高，你只需要讓對方聽清楚，而不是想讓隔壁的人都能聽見，不要給對方粗魯的感覺。而正確的語調能夠給人一種親切、沉穩的感覺，會無形之中拉近你和面試人員之間的距離。有些職場新人因為緊張或急於表達自己，往往在對方問他一句話後，會連續不斷地把自己的想法表達出來，他們說話好像在跟火車賽跑一樣。

在清楚地表達自己的同時，使用含蓄和幽默的語言，可以營造輕鬆愉快的談話氣氛，使你和面試人員的個人距離拉近，將使你獲得更大的成功。當然，這些語言技巧都不能使用得過多。

3. 要充滿自信地推銷自我

一開始面試人員通常會要求面試者做一個自我介紹，這是第一步的自我表現。不要認為這是一件很容易的事情，因為雖然你自己最瞭解自己，但要通過幾句話——的確是幾句話——讓別人瞭解你卻並不容易。

你首先需要知道你的目的是讓對方瞭解你究竟是誰，而不是跟對方閒聊。因此，你需要簡單地介紹你的姓名、性格、學歷、工作經歷等一些基本的資訊。這些資訊可能很重要，也可能並不重要，關鍵是要看雇主更加看重哪一方面。不過，要記住的是，這只是自我介紹而已，你並不需要把你想說的話全部說完，你可以接下來慢慢補充。

面試人員最關心的可能是你的能力，要瞭解你是否勝任你希望獲得的工作。許多面試者總是喜歡表現得很優秀，在他們的言談之中，好像在表達這樣一個意思：「我什麼都能做。」也許這是真的——但是能做不一定代表能夠做好。雇主希望的是能夠真正做事的人，而不是一個誇誇其談的人。

自信地把自己的特點表達出來，這是最重要的一點。你需要實事求是，不要誇大，也不要縮小你的優點和缺點。不要把面試人員當作傻子，否則他們也會像你這麼做，重要的是讓對方認為你的確適合你希望獲得的工作。

4. 妥善處理問題，謹慎回答關鍵問題

有一些在應試中經常碰到的問題，也正是求職者經常犯錯誤的地方。

「你為什麼選擇這個工作？」面試人員通常會這麼問你。有些人回答得莫名其妙，他們讓面試人員感到他們沒有什麼頭腦。他們說：「我想來試一下，畢竟多一個機會。」或者「本來我不想來的……」當他們說出這樣的話之後，幾乎已經沒有成功的可能。

面試人員這麼問通常包含的意圖是，想瞭解你的職業目標和你對公司的瞭解程度。當認識到這一點後，就可以進行針對性的回答。你必須把自己的志趣和你將來的工作、公司相聯繫起來。比如，「貴單位的管理理念正符合我的個人工作信念」，這樣的回答十分合理。

第二個問題是：「你認為自己有什麼不足？」面試人員問這個問題，是想瞭解

你的誠信度和你是否與你應聘的職位相匹配。一般人只顧及到兩個方面的一個方面，他要嘛直截了當地把自己的缺點都說出來，以求給面試人員一個誠實的印象；要嘛掩飾自己的缺點，對面試人員撒謊。自然，這兩種做法都是不可取的，我們應該在兩者之間尋找到一個平衡的支點。比如，如果你應聘的是一個財務工作，你可以這麼說：「我是個慢性子，這使得我常常對每件事情都考慮得很細緻。」又比如，你籠統地說：「我的確有很多缺點，但是我想這些缺點並不影響我的優點的發揮。」

面試人員通常還會這麼問：「如果你的意見和上司的意見產生了衝突，你會怎麼做？」這種假設是想試探你的溝通能力和自我認同感。你的回答應該是：「首先，對上司的意見進行考慮，因為畢竟他比我更有經驗，看問題也更加全面和深刻一些；其次，如果我的確認為我的意見更加正確，那麼把我的意見和上司進行溝通，相信他也會贊同我的意見，因為畢竟我們的目標是一致的。當然，在溝通的過程中應該注意一定的技巧。」

第四個問題是你關心的，那就是薪酬。每一個求職者即使不認為這個問題是最重要的，他們也會認為它很重要。如何跟面試人員談論薪酬問題十分關鍵，它對你面試成功與否有很大的影響。

大膽地說出你的薪酬期望，要說「按照公司的規定辦」之類的話，這表明你對現在的工作並沒有很清楚的認識。當然，你的薪酬期望應該跟公司和你個人的要求都相符合，過高或過低對你都沒有好處。給出一個可以浮動的範圍。這樣讓對方有考慮的餘地。一般而言，如果你的確很適合的話，雇主會考慮而不讓你失望的。

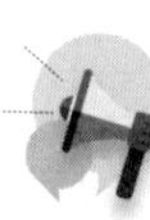

幽默的表達助你贏得考官青睞

幽默是自信的表現，是善於處理人際關係的反映。
幽默在某種時刻扮演著通向事業坦途的一盞明燈。
達到成功彼岸的路有千萬條，而幽默助你馬到成功。

幽默是自信的表現，是善於處理人際關係的反映。可以說，哪裡有幽默，哪裡就有活躍的氣氛；哪裡有幽默，哪裡就有笑聲和成功的喜悅。為此，在非常嚴肅、緊張、決定前途面試的時候，不妨來點幽默，不僅使自己放鬆，也使考官記住你，可能還會使你在面試中脫穎而出。

大多數人剛進入面試時大都表現得略顯緊張，也因此不少有能力、有才華的人為此痛失機會。對於面試官來說，緊張慌亂的應聘者，意味著在工作中也不能勝任。此時，你可以在此發揮幽默，調節一下氣氛。會說笑可以說是一種優美的、健康的品質，幽默也是人與人之間的潤滑劑，是一個敏銳的心靈在精神飽滿、熱情洋溢時的自然流露。每個人都喜歡有幽默感的人，幽默在某種時刻扮演著通向事業坦途的一盞明燈。

在求職面試過程中，求職者在回答問題時採用一些幽默的語言，不但能活躍氣氛，也能獲得面試官的好感。

一位考官這樣問一個應聘者：「為什麼你要選擇教師這個職業？」應聘者回答說：「我從小曾立志長大後要做偉人的妻子。但現在，我知道我能做偉人妻子的機會實在渺茫，所以又改變主意，決定做偉人的老師。」

這位應聘者的回答博得在場人員的一片掌聲，結果她被錄取了。

這位應聘者的明智之處，就在於打破了常規思維和表達模式，取得對方的好感，以真實感受勝人一籌，她用了「偉人」這個範疇來貫穿前後表達自己所立志向。

幽默的談吐，既表達清楚了自己的中心意圖，又語出驚人、新穎、不落俗套，因而這位求職者獲得了成功。

有的人不僅利用幽默風格表現出了自信，而且幽默還得有些內涵，這樣的面試者無疑會受到考官的青睞。

還有一位同學，他在面試時，老闆讓他評價一下羅納度和喬丹，看看哪個更厲害。「我覺得他倆都沒我厲害！」他很是得意地說。

「啊？！」老闆一頭霧水，如困巫山。

「我要跟羅納度打籃球，跟喬丹踢足球，看看到底誰更厲害！」

有一次，羅博特去應徵一個炙手可熱的職位，簡歷寄去後大概兩星期左右，對方就將「抱歉！未能錄用」的E-mail發給了他。他在看到沒有希望的情況下，便突發奇想採取幽默的方式做最後的一試，他回了一封信：「既然您對未能錄用我如此遺憾，為什麼不給我一次面試的機會呢？」這封信果然起了作用，後來他得到了這個公司另一個更好職位的面試機會。

一家地區性報社招聘採編人員。一位朋友在入圍面試的十人中，無論從學歷，還是所學專業來看，都處於下風，但他在面試時表現出的幽默感卻引起了委員們的注意。

在面試時，考官問到第三個問題「談談你應聘的優勢與不足」時，他說：「我的優勢是有過兩年的辦報經驗，並且深愛著報業這一行。每當我拿起一張報紙，我總不自覺地給人家挑錯：題目顯得累贅，哪個詞用得不合適，哪個錯字沒有校對出來；版面設計不合理等等，甚至有時上廁所，也忍不住撿起別人丟在地上的爛報紙看……」聽到這裡，委員們不約而同地笑了。

事後他瞭解到，一開始他並不被看好。然而其他參加面試的人回答問題過於「正統」和「死板」，正是他的靈活與幽默，讓挑剔的委員們覺得他更適合做記者這一行。於是，不起眼的他脫穎而出，幸運地被錄用了。

在緊張的面試中，幽默是自信的最佳表現。考官一般都欣賞有自信的人才，況且還能把他逗笑，也許這就是風趣讓面試者無往而不利的原因所在。

一位大學畢業生走進一家報社問道：「你們需要一位好編輯嗎？」言下之意自己當然就是「好編輯」，語言很是自信。

「不。」拒絕卻是那麼乾脆。

「那麼，好記者呢？」語言還是那麼自信。

「不。」拒絕還是那麼乾脆。

「那麼，印刷工如何？」依然是堅韌不拔。

「不。」看來是沒戲了。

「那麼，你們一定需要這個東西。」這位大學生從公事包裡拿出一塊精美的牌子，上面寫著：「額滿，暫不雇用。」

報社主任笑了，但也開始用一種新的眼光來審視面前這位年輕人了。最後，這位年輕人被錄用為報社銷售部經理。

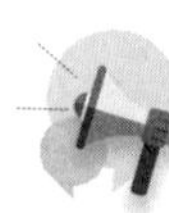

把討價還價跟展示自己實力有機結合起來

把討價還價跟展示自己的智慧與實力有機地結合起來，有利於求職成功。

對於理想的薪酬數，求職者應掌握一定的靈活性。

有人認為，談錢是一件很俗氣的事，尤其是在求職面試這樣的情景之下，開口談錢更是一件左右為難的事。主動問吧，怕被人看成是斤斤計較，只顧追求金錢利益，弄不好還要得罪招聘方；不問吧，自己心中又過不去，萬一等到最後才發現薪酬低得令自己難以接受，豈不是竹籃打水一場空？

很多大學生在求職面試時由於缺乏社會經驗，對於用人單位提出的薪酬要求更是諱莫如深，難以啟齒，通常支支吾吾半天仍是詞不達意。但是如俗話所說：「談錢很俗氣，但是很實際。」工作的最終目的也是為了生存生活，薪酬問題也並不是一個那麼瀟灑的、無關緊要的問題。

我們必須明白在求職過程中，求職者總是要面臨薪水問題的，總免不了有一場討價還價。有經驗的求職者，把討價還價跟展示自己的智慧與實力有機地結合起來，通過談判，既爭取了預期的待遇，又展示了自己的能力，可謂是一舉兩得。

在談判過程中，如果用人單位堅持讓你先開價，可以以一些該職位的通常薪資是怎樣的為鋪墊，再告訴其一個大致的薪酬範圍。真正有誠意的用人單位都明白，只有提供了合理的薪金，才能調動員工的積極性，留得住人才。理想的薪酬數，應是用人單位和求職者雙方都能接受的，而求職者應該表現一定的靈活性。

總結起來，面試談到薪酬問題有幾個注意點。

①切勿盲目主動提出希望得到的薪酬數目；

②盡可能從言談中瞭解，用人單位給你的薪酬是固定的還是有協商餘地的；

③面試前設法瞭解該行業薪酬福利和職位空缺情況。

在協商過程中，如果用人單位要你開價，可告訴其一個薪酬幅度。如他一定要你說出個明確數目，可問他願意付多少，再衡量一下自己能否接受。

工作談判不能像其他談判那樣，一味設法提高向對方開出的條件，而對方就只顧壓低你的價錢。把原來和諧的氣氛弄成敵對的局面，這對你實在沒有好處。

談判一旦出現僵局，不妨把話題轉移到有關工作的事情上。例如對方有心壓低你的薪酬，就可將話題轉移到你上任後有何大計，如何擴大市場佔有率和如何降低產品成本等，那樣原來緊張敵對的狀態，很快便會變成同心協力的局面。

談薪酬的時候，不一定只拘泥於薪資本身，不妨在談的過程中強調薪水和你應聘職位的關係。讓招聘官聽到的不光是你說的那個數目，而且還對你的回答留下如下的印象：薪酬是重要的，但你更在乎的是職位的本身，你喜歡的是這份工作的內容和挑戰；你所報出的數目是因為後顧無憂的待遇，將更能讓你在職業安全的條件下發揮自己，為公司帶來更大的效益。

如果你是個有一定工作經歷的人，則不妨提一下以前的工作薪水，這樣很容易給面試公司一個比較明確的參考答案。怎麼說也是「人往高處走」，總不至於以前一個月拿五萬元，到這兒才拿三萬元吧？當然，前提是你先讓招聘官相信你所有的技能、經驗契合這個職位並且值這麼多錢。

如果受公司預算限制，甚至比你現有或以往的薪水還要少。只要你認定這是一份理想的工作，不妨暫時不談薪水。待對方認定你是最佳人選，再嘗試以職位及工作為由，多要求些福利津貼。例如想要求提高公務開銷，你就應說以往工作順利，全因頻頻與客戶交際應酬，從而提出擔心公務開銷不夠，雇主也會樂於增加這方面的津貼。

但是，目前有一種說法，即在擇業過程中，最好不要問薪酬，否則可能引起招聘者的反感。甚至有的人事經理更加絕對地說：「如果應聘者主動問薪酬，我肯定讓他走人。」

這就給應聘者出了一道難題。其實，問題的關鍵並不在於該不該問薪酬，而在於你問這個問題要把握好什麼時間、什麼地點和怎樣發問。

在人才交流會上，當你遞交應聘資料時，可以不失時機地問一聲：這個工作的收入大約是多少？由於交流會人多嘴雜，招聘者忙得焦頭爛額，很可能在不經意中露出真相。如果他不願回答甚至有反感，由於此時亂哄哄的，他也不大可能耿耿於懷地記住你。

但正式面談時又另當別論了，情況要比這種時候複雜些。

一些求職者，尤其是畢業生，初次面對求職，由於不知道如何回答薪酬問題，常常對於招聘方提出的此類問題諱莫如深。如果招聘方是在面試初期提出這個問題，通常可能是對你的試探，千萬不要輕易開口，最好的回答是：「我很願意談論這個問題，但是能不能先請你談一下工作內容？」或者說：「在你決定雇用我、我決定在這兒工作之前，討論這個問題還為時過早。」大多數情況下，這樣的說法都是得體而奏效的。

但在面試後期，即使你一再避免談及薪水，也仍然會有面試官要求你正面回答這類問題。這時，你就要有技巧地回答。

薪酬問題一定要說，但是說多少呢？這時的難題是：要價太高，會「嚇」跑老闆，讓人產生「獅子大開口」「自視過高」等不夠謙虛的負面印象；要價低，則很可能將來進了公司發現跟自己同等職位的同事們都比自己拿得多，覺得委屈不說，往往還會影響工作的熱情，吃啞巴虧。因此，這個時候給自己「算」出一份合理的薪水是很重要的，那麼，究竟該怎樣算出自己的「定價」？

一般來說，大多數職位在市場中都會有一個比較公認的薪酬價格，當然，這些行情價也會因公司的性質、規模大小、行業的不同而有不同的彈性。因此，在求職前你首先需要做的，就是把你要應聘的職位，在同等類型、規模的公司裡的行情價打探清楚。

行情價只是大致標準，弄清楚後，你要做的就是考慮怎樣去討價還價，為自己爭取盡可能多的利益。在這裡面，你所應聘職位的可替代性大小在很大程度上，決定了你討價還價的資本有多少。職位可替代性越小的（一般來說都是偏於技術性、技能性等方面的工作），還價的資本就越高，你也就可以放心地提出自己的要求。如果是可替代性大，沒了你誰都能做的那一種，則勸你還是少還價或是別還得太厲害為妙。另外，職位越高的工作，還價允許的幅度也就越大，反之，則越小。

工作經驗和學歷在不同的行業、公司裡也有不同的分量。如果你要應聘的是管理方面的工作或是技術工種的工作，那麼你擁有的工作經驗將是非常重要的，這也會極大地影響你可能會得到的薪酬。至於學歷，則要看你的工作對學歷的要求度是多少。一般來說在大公司裡，高學歷被認為代表著高素質，學歷當然比較重要。而對於一些小公司來說，也許他們更情願要一般的實幹型人才。所以，自己的經驗和學歷值多少，在定價的時候還得掂量掂量，做到心中有數。

薪酬定位明確以後，還要學會討價還價。

涉及工資時，應坦然地與主考官交談，說出自己的要求，只要工資要求合理，就不會改變自己在主考官心目中的印象。

在談及薪酬時，不要以為面試官第一次所報出的數目，就一定是他們決定付給你的最終價格，如果覺得不滿意，不妨適當表達自己的意見。求職時關於薪酬的討價還價，不僅是對自身利益的捍衛，甚至可以反映求職者的智慧、才識以及對行業的熟悉程度。

一般情況下，招聘單位很少會給你超過你最初提出的薪水數目。因此，談判時則應注意避免自己先主動亮出底牌，而應讓面試官先報出他想給的薪酬，後發制人，才有迴旋餘地。如果對方報出一個合乎自己意願的數字，也不要喜形於色，沉默一下，顯得像是對這個數字不感興趣的樣子，然後在面試官報出的價格上提高百分之十五至百分之二十，並再次強調自己擁有的一些特殊資格。但如果你發現他們的第一次報價就是唯一，可以略為沉吟，再落落大方地表示可考慮先接受下來試試。

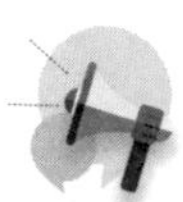

當心！不要跳進考官的「問題陷阱」

面試中會設置各種語言陷阱，以探測你的智慧、性格、應變能力及心理承受能力。

要注意掩飾和消除言辭中的負面因素。

面試極像一次相親。應聘者希望找到一個能夠瞭解自己優點的老闆，用人單位則希望能找到優秀的合作夥伴。當陌生的雙方相見後，都想在短短一席話中努力表現出自己的優點、說出聰明話或立即呈現出很棒的反應，以便給對方留下良好的印象。面試官為了不至於「選錯郎」，也許會在面試中設置各種語言陷阱，以探測你的智慧、性格、應變能力及心理承受能力。求職者只有識破這些語言陷阱，才能小心巧妙地繞開它，不至於一頭栽進去。

問題陷阱1 能否告訴我你所遇到的你認為最好和最差的雇主？

這個問題表面上是在詢問一個事實情況，實際上是在探查你所認為的好、壞雇主應是什麼樣的。當被問到你所遇到的最好雇主這個問題時，你的第一個反應也許是想對那個坐在你對面的招聘經理說：「那就是你！」並希望這一招能出奇制勝，但這可能會招致曲意逢迎之嫌。

因為大多數公司希望聽到你將你最樂意為之工作的雇主描述成：他熱心於幫助你的學習和成長，參與你的工作進程，當你出色地完成工作時，他會慷慨地給予你精神和物質的獎勵。而你在面試階段，怎麼能說坐在你對面的那位，就是你遇到的最好雇主呢？

如果在你的工作生涯中，你確實遇到過這樣的雇主，那就再好不過了。但是如果你沒遇到過，也可以發表自己對最好雇主的看法並表述你的希望。

現在輪到最差的雇主，你將對此說點什麼呢？記住千萬不要對這位最差的雇主進行惡意攻擊，這將使面試考官懷疑你與他人相處的能力。

例如，你對那位你覺得最差的雇主施之以「他很偏心」的評價，那面試考官心裡想的可能是：為什麼他喜歡別人勝過喜歡你呢？又如你對他施之以「不交給工作任務」的指控，那面試考官心裡想的可能是：其原因是否是你缺乏按時按質完成工作的能力呢？

再一次強調，要注意掩飾和消除言辭中的負面因素。你的絕大多數時間要花在正面地、積極地陳述你所取得的成就或優秀品質上。比如，你的「吝嗇的老闆從不傳授經驗」，那你強調的是你對知識的渴望。同樣，你的「主管很少參與你們的工作進程」，那應強調的是你希望參與一個更有凝聚力的團隊。在面試之前積極準備，不斷地練習，你就能做到這一點。

問題陷阱❷ 你的相關經驗比較欠缺，你看是不是這樣？

如果回答「不見得吧」「我看未必」或「完全不是這麼回事」，那麼也許你已經掉進陷阱了，因為對方希望聽到的是你對這個問題的看法，而不是簡單、生硬的反駁。

對於這樣的問題，你可以用「這樣的說法未必全對」「這樣的看法值得探討」「這樣的說法有一定的道理，但我恐怕不能完全接受」為開場白，然後婉轉地表達自己的不同意見。面試官有時還會哪壺不開偏提哪壺，提出讓求職者尷尬的問題，如：「你的學習成績並不很優秀，這是怎麼回事？」「從簡歷看，大學期間你沒有擔任學生幹部的經歷，這會不會影響你的工作能力」等等。

碰到這樣的問題，有的求職者常常會不由自主地擺出防禦姿態，甚至狠狠反擊對方。這樣做，只會誤入過分自信的陷阱，招致「狂妄自大」的評價。而最好的回答方式應該是，既不要掩飾迴避，也不要太直截了當，可用明談缺點實論優點的方式巧妙地繞過去。

比如說，當對方提出你的學習成績不很優秀時，你可以坦然地承認這點，然後以分析原因的方式帶出你另外的優點。如，「在校期間學習成績之所以不是很優秀，是因為我擔任社團負責人，投入到社團活動上的精力太多。雖然我花在社團的心血也帶給我不少的收穫，但學習成績不是最優秀，這一點一直讓我耿耿於懷。當意識到這一點後，我一直在設法糾正自己的偏差。」

在面試中屢戰屢勝的里查德，就有過一次這樣的面試經歷。里查德的學習成績不算頂尖，面試諮詢公司時，這便成了考官發起攻擊的要害：「你的成績好像不太出眾哦，你怎麼證明自己的學習能力呢？」里查德不慌不忙地說：「除了學習，我還有其他活動，不是只有成績才能反映人的學習能力的。其實我的專業課都相當不錯，如果你有疑問，可以當場測試我的專業知識。」里查德巧妙地繞開了令人尷尬的問題，將考官的注意力引導到他最拿手的專業知識上。

問題陷阱3 你怎樣消磨休閒時間？包括星期天、節假日、每天晚上，當你參加聚會時，你是喜歡獨處，還是喜歡出風頭？請談一談你最要好的朋友。你選擇朋友時，一般考慮哪些因素？

諸如此類問題，看似在問一些有關生活的輕鬆話題，實意在考察你的人際交往能力和與人相處的技巧。對於這類問題，你不必拘泥於自己的實際情況，可以適當加以誇大，因為主考官無法核實你所說的是否屬實，一般來說大多數人都願意和開朗、熱情大方、善解人意的人交朋友，而不願意與那些過於清高、氣量狹小、毫無生活情趣的人在一起。

對於一些太過刁鑽，而且實在無法回答的問題，不妨反戈一擊，反問對方，也能起到意想不到的效果。

問題陷阱④ 經過這次面試，我們認為你不適合我們單位，決定不錄用你，你自己認為會是什麼原因造成的呢？

面對這個讓人尷尬的問題，你可以這樣回答：

「我認為面試向來是五分靠實力，五分靠運氣的。我們不能指望一次面試就能對一個人的才能、品格有充分的瞭解和認識。通過這次面試，我學到了很多東西，也發現了自己的不足——既有臨場經驗的不足，也有知識儲備的不足，希望以後能有機會向各位考官討教。我會好好地總結經驗，加強學習，彌補不足，避免在今後工作中再出現類似的問題。另外，希望考官能對我全面、客觀地進行考察，我一定會努力，使自己盡量適應工作崗位的要求。」

其實，考官這是在考察你的應變能力，並非真的對你不滿，如果他們認為你不合適的話，是不可能再會問你問題的。因此，要沉著應付，不要中了圈套而暴露自己的弱點，回答時可以虛一點，把重點放在彌補弱點上，這可以看出你積極進取的品質。另外，要誠懇地向考官討教，以博取他們的好感。

問題陷阱5 你認為金錢、名譽和事業哪個重要？

這個問題，好像是一道單項選擇題，它似乎蘊涵了一個邏輯前提，即「這三者是互相矛盾的，只能選其一」。實則不然，切不可中了對方的圈套，必須冷靜分析，可以明確指出這種邏輯前提條件不存在，再解釋三者的重要性及其統一性。對於這種誘導式問題，不能跟隨考官的意圖說下去，以討好考官。這樣做的結果，只能給考官「此人無主見，缺乏創新精神」的感覺。

面對這種誘導式的陷阱問題，你可以這樣回答：

「我認為這三者之間並不矛盾。作為一名受過高等教育的大學生，追求事業成功當然是自己人生的主旋律。而社會對我們事業的肯定方式，有時表現為金錢，有時表現為名譽，有時兩者均有。因此，我認為，我們應該在追求事業的過程中去獲取金錢和名譽，三者對我們都很重要。」

有些企業的人力資源部在招聘職員時，對職位都要做充分的測評，以便在招聘過程中，做到有針對性、有目的性，並且有的公司已經為即將聘入職位的新職員做好了職業生涯規劃。因此在招聘中，會有意地設置一些陷阱問題，檢測應聘者是否具有該職位所要求的獨特的能力和素質。這時候，應聘者就需要有一顆洞察「問題」的慧心。

首先，要注意識破主考官的「聲東擊西」策略。當主考官覺察到你不太願意回答問題而又想有所瞭解時，可採取聲東擊西的策略。例如，對於「政治問題」和其他一些敏感性的問題，許多人不願真實表達自己的觀點。主考官為了打消你的顧慮，可能會這樣問：「你周圍的人對這個問題有些什麼看法？」面對這種情況，你不要疏忽大意，不能信口開河，不要以為說的不是自己的意見，說出來就不會暴露自己觀點。因為主考官往往認為，你所說的大部分都是你自己的觀點。另外，主考官可能採用投射法來測驗你的真實想法。所謂投射法就是以己度人的思想方法，例如，主考官讓你看一幅圖畫，然後讓你根據圖畫編一個故事。這種方法一方面是檢測你的想像力，一方面是測驗你的深層的心理意識。這時，你盡可以放開思維，大膽構思，最好能有一些新奇的想法，表明你有創造力、想像力，但同時一定不要忘記這樣一個原則，所編造的故事情節要健康、積極、向上，有建設意義。因為主考官認為你是在「以己度人」，故事情節中融入了你的真實心理。

其次，要分析判斷主考官的提問時評測你哪個方面的素質和能力，有針對性地進行回答。

把握好這兩個步驟，就不容易踩進「陷阱」裡了。

懂得上下級溝通的藝術，助你在職場中遊刃有餘

在職場中的任何一個人都應該受到尊重。不要直接批評或指責別人，即使你擁有這樣的權威。用委婉的方式求得別人的合作和共識。

職場中的人們，有時候會非常驚訝地發現，講話的方式有時候甚至比說話的內容更加重要。如果想要上司同意自己的某個計畫，不僅需要這個計畫很出色，而且更加重要的是讓他相信這一點；讓下屬努力工作的方法不是命令他們這麼做，而是應該鼓勵和建議他們這麼做；同事不會因為出色的工作而對你尊重，除非你也尊重他們。

德國一家著名的電器公司在某一年推出了一項新產品，他們準備設計一個出色的商標，並重點把這項新產品推向日本市場。

這家公司的總經理設計了一個商標，並對它自鳴得意。在一個會議上，他提議大家對他設計的商標進行討論。在會上，這位總經理說：

「我想，這個商標絕對是非常合適的。它的主題圖像是一個太陽，這使得它看起來像日本的國徽，日本人一定會喜歡它的。」

看得出來，這是個沒有多少實際意義的會議。因為大家似乎都只有一種選擇，那就是同意總經理的意見。所以，絕大多數人都極力讚揚這個商標設計得非常出色。

但是，一位年輕人——他是廣告部的經理，站了起來說：

「這個商標並不非常合適。」

這時候全部人驚奇的目光都聚在他的臉上，總經理也露出了驚訝的表情，大家都等著他繼續往下說。

「它設計得太完美了，」這位年輕的經理不慌不忙地繼續說道，「毫無疑問，日本人一定會喜歡這樣的商標。但是問題在於，我們的商品並不全部銷往日本，而且也銷往其他亞洲國家，他們會都喜歡嗎？」

這樣，他不但給總經理留了面子，同時也巧妙地暗示了這個商標的錯誤。那位總經理在會後說，這位經理的話簡直是「再高明不過的語言」了。

一般人如果認為自己的意見比上司的正確，就直接向上司提出來，他們滿以為上司會接受他的意見。但事實往往與他們想像的正好相反，上司拒絕了他的意見，於是他們就開始抱怨這個上司過於獨斷、自私和蠻橫。實際上，每個人都有這些性格特徵，只是沒表現出來而已。當自己的意見被下屬否定時，上司一定會產生一種不滿意，覺得很沒有面子，從而失去客觀的立場，那麼拒絕下屬的意見也是順理成章的了。

這位年輕的經理卻成功地使上司接受了他的意見。為什麼他能夠成功？因為他採用了一種正確的表達方式。

在職場中注意說話的方式，會使你遊刃有餘地活動在這個大舞臺上。

威爾遜是美國幾家連鎖店的老闆，每週都會舉行一次經理會議。一年夏天，由於市場疲軟，幾家連鎖店的業績連續幾個星期都在下降，威爾遜打算對這些經理進行批評。但是，他並不打算直接對他們進行批評，這樣對他們沒有任何好處。在會議一開始的時候，威爾遜極力讚揚了這些經理，肯定他們為公司做出了很大的貢獻，在市場這麼疲軟的狀態下，都只是稍微降低了公司的利潤。

本來打算為自己爭辯的經理們對威爾遜的讚揚十分受用，感到自己受到了重視，心情自然就開朗起來，一個個都精神煥發。等威爾遜的話音一落，馬上就有一位經理站起來發言。他對自己經營的店面的業績下降，對自己展開了批評，認為自己可以做得更好。他向威爾遜表示，他打算在下一階段推行一些新的政策，力求使業績能夠回升。其他的連鎖店經理也紛紛地表示了自己的意見和決心，這種熱烈的場面是以前從來沒有過的。

威爾遜作為連鎖店的老闆，完全具有絕對的權威。但是他卻明白用強迫的方式不一定能夠達到他的目的，因此就用了另外一種說話的方式。事實證明，這種方式的確取得了成功。

客觀委婉，巧妙地指正別人的錯誤

哈佛成功金句：如果你想要更受人歡迎，盡量多讚美，少批評。
在指正別人錯誤的時候，不要損害對方的自尊心。
指正錯誤的目的是讓他接受並改正錯誤，從而對工作產生積極的效果。

不要指責別人的錯誤，因為這樣做的話，別人不但不會承認錯誤，而且會對你產生反感心理。當別人做錯了事情或者說錯了話的時候，你應該採用委婉的方式指出來。

在職場中，你仍然需要，甚至更加應該這麼做。如果說親人、朋友犯了錯誤，你直截了當地指了出來，他可能因為瞭解你，或跟你比較親密而接受你的意見。但在職場中，情況變得十分複雜。你和對方僅僅是工作上的關係，如果你直截了當地指了出來，可能更加會引起你們之間的誤會。

在職場中指正別人的錯誤，其重點應該放在上司和下屬之間關係的處理上，因為上司和下屬之間的關係非常特殊。不論你是否承認，上司在職場中享有權威的地位，更加應該得到別人的尊敬。基於這樣一個前提，在你指正你的上司或者下屬的錯誤的時候，可以採用下列一些方法。

1. 暗示法

暗示法即用一種行為或語言向對方暗示對方的錯誤。我在前面也已經說過了暗示在一般人際關係中的運用，這是一種十分常見的方法。

美國一家百貨公司的總經理約翰・艾德倫，喜歡經常到自己的商場去巡視。一次，他看到一位顧客站在櫃檯面前看電視機，但卻沒有一個服務員過來招呼她。那些服務員很忙嗎？不是的，她們正在不遠處的地方有說有笑地閒聊，根本沒有注意到這個顧客。艾德倫對這種情況十分不滿意，想要糾正這種不負責任的工作態度。但他為了保全服務員的面子，所以運用了暗示的技巧。他自己走到那位顧客面前，為她介紹各種電視機的特點。最後，那位顧客買下了一台電視機，艾德倫讓服務員把它包好，然後一言不發地走了。

艾德倫自始至終都沒有罵服務員。但是，這些服務員看到了這些情況，認識到了自己不負責的態度，所以在以後都認真負責起來。

2. 提醒法

用一種隨便的方式去提醒對方犯了錯誤。在一般的交流之中——由於不是很多——對上司說的每一句話，下屬都會仔細地聆聽，而那些注重下屬的上司也會如此。在說話的過程中，盡量用一種輕描淡寫的方式去提醒對方犯了錯誤，這樣就給了對方一個反思的空間。

「我聽人說，你最近心情不是很好，因此在工作上出了一些小小的問題。」一位上司在下班後走出公司的時候，對他的下屬說。這位下屬說：「是的。不過我不應該把我的情緒帶到工作上來的。」如果這位上司非常正式地把下屬叫到辦公室，對他說同樣的話，這句話的效果一定會大大不同。

那些聰明的人是不需要對方強調自己的錯誤的，他們都會從提醒中得到一些重要的資訊。而那些看起來並不怎麼聰明的人，即使對他們進行了嚴厲的責罵，效果也不會很好。當然，如果對方犯的錯誤的確很大，已經給或者將要給工作帶來很大的麻煩，則應該用嚴肅和認真的口氣提出來。

3. 先肯定後否定

雖然這種方法十分老套，但卻十分管用，這實際上也是一種心理的平衡作用。用讚揚拉近你和對方的心理距離，從而能夠創造一個十分和諧和融洽的談話環境，這樣對方就不容易因為你指正他的錯誤而對你產生抗拒。

「你一直做得很出色……」以這樣的方式開頭，讓對方知道自己的錯誤是一時不慎造成的，而他並不是一直以來都是如此。另外，這種方式實際上是告訴了對方自己對這件事情的態度：你並沒有因為這件事情而否定他。

如果是你的上司犯了錯誤，這種方法仍然很管用。我們舉過那個經理否定總經理設計的商標的例子。那位聰明的經理對總經理說：「這個設計太完美了。」誰不喜歡這樣的話呢？那麼接下來的話，上司也會順理成章地接受，只要你解釋得合理。

4. 指出正確的方法

在整個談話的過程中，你甚至可以在許多人參加的會議上這麼去做，你並不需要提到對方犯了錯誤，而是直接告訴對方正確的方法是什麼。對方會拿自己去和正確的方法比較，而這樣做，對指正他錯誤的效果也會更大。

「我十分欣賞傑克。他從不上班遲到，對工作也相當認真。」你這麼說，對方肯定知道他在某些方面沒有傑克出色，並且知道了應該怎麼做。最好的方法莫過於讓對方自己意識到自己犯了錯誤，並且想方設法地進行改正。

適時讚美，激勵別人走向成功

針對別人的優點進行讚美，這是最直接、有效的方法。挑起別人的競爭意識，調動積極性和熱情。

大凡瀕臨破產的企業，他們的員工都是懶散的，沒有一點工作激情和幹勁。如果能夠發揮他們的積極性，這些企業百分之九十都能起死回生。

因此，越來越多的企業家熱衷於領導術的研究。他們開始致力於研究這樣一種方法，即如何使員工發揮出自己的積極性和自身潛能，從而走向事業的成功。他們發現，只有引發員工的這種工作熱情和積極性，企業才能「重振雄風」。最有效的激勵員工的方法有以下幾種。

1. 讚美你的員工

讚美是激起員工積極性的一個非常直接、有效的方法，安德魯・約翰非常善用這個方法去激勵他的屬下。他造船廠的總經理修韋伯曾經這麼描述過他：

「公司裡的重要人物，那些能幹的人，基本上都是因為他的稱讚而成功的。在我見過的大人物中，其中包括不少優秀的企業家，他是最擅長使用稱讚而使人獲得進步的。這種方法的確很有效，正是它成就了很多人的事業，它也是約翰先生獲得成功的一個重要原因。」

修韋伯從約翰那裡學到了讚美的方法。作為一個造船廠總經理，他幾乎所有職員的工作熱情都非常驚人。在他的工廠中，一項工作成績才剛剛被記錄，馬上就被另一項成績打破。比如，在建造塔卡特號輪船的時候，他們只用二十七天就完成了任務，這又是一項新的紀錄。修韋伯和所有員工們進行了一次慶祝大會，他做了一番讚美他們的演講，並且送給每一個職工一枚銀質獎章和威爾遜總統賀電的影本，他還送給每一位船廠品質管制員一塊金錶。

2. 培養競爭意識

挑起員工的競爭意識，這是激起他們積極性的又一個絕好的辦法。

一天，查理斯・史考伯在下班之前，被一位分廠廠長攔住了。他對史考伯說：「我不知道這是怎麼回事。我用了各種辦法去激勵我們廠的員工，但是他們卻總不能完成生產任務。」

「我很奇怪，」史考伯說，「你是一個能幹的領導者，竟然也不能使他們熱情地工作？」

「確實，」那位廠長哭喪著臉說，「我已經用到了所能想到的任何辦法，我苦口婆心地引導他們，激勵他們，甚至威脅和責罵他們，可是他們卻無動於衷。」

於是，史考伯跟那位廠長一起去工廠，當時正是他們廠的白班和夜班的交替時間。史考伯攔住一位正準備下班的員工，問他說：「你們今天完成了多少台機器？」

「六台。」那位員工回答說。

史考伯點了點頭，向廠長要了一支粉筆，然後在地板上寫了一個大大的「6」字，什麼也沒說，就一聲不響地離開了。

那些上夜班的工人看到地板上的字很奇怪，於是就問那些上白班的人是怎麼回事。

「剛才史考伯先生來過了，」上白班的人回答道，「他問我們完成了多少台機器，然後就在地板上寫下了這個字。」

當第二天史考伯再次來到的時候，地板上的字已經被上夜班的人擦掉了，改成了一個大大的「7」字。史考伯滿意地笑了，然後又一聲不響地離開了。那些上白班的人來的時候，看到這個「7」字，感到這好像在說上夜班的人比他們強，自然不甘示弱，他們加緊了工作，到下班的時候，他們得意地在地板上寫了一個「10」字。而結果是，到了月底，他們超額完成了生產任務。

史考伯先生在整個過程中，從沒有對那些員工說過要努力工作，但他究竟是使用了什麼樣的魔力，使他們主動積極地工作呢？很簡單，他激發了員工的那種十分重要的競爭意識，就是那種相互超越的慾望，這種慾望的力量是強大的。

3. 讓他（她）擁有美德美名

每個人都有一個理想化的自己，而這個理想化的自己擁有幾乎全部的美德。莎士比亞曾經說過：「如果你希望擁有一種美德，不妨先假定你已經擁有。」因此，如果你給他一個美名，那麼他會竭盡全力去做到這一點。

欽特夫人僱用了一個女僕，告訴她星期一上班。然後，欽特夫人打電話詢問這位女傭以前的情況，她以前的雇主說她表現得不是那麼讓人滿意。

但是要換人的話已經是不可能的了，因為已經決定傭用了她。於是欽特夫人想了一個辦法，即通過給她一個美名的辦法來使這個女傭改變。

星期一的時候，女傭準時到達，欽特夫人對她說：

「我昨天打了電話給你以前的雇主，她告訴我，你是一個誠實、勤勞的女孩，你的菜做得很好，而且很會照顧孩子。她說你唯一的缺點是做事有點隨便，屋子收拾得不是很乾淨，不過，我並不相信她說的話。因為你穿著十分乾淨和整潔，怎麼可能會不愛乾淨呢？」

這段話改變了這個女傭，她和欽特夫人相處得很好。那個本來不愛乾淨的女傭，為了維護自己的美名，每天勤快地打掃，不惜多花費幾個小時。

和諧相處，輕鬆愉快地與同事交流

與同事和諧相處，能使你的工作更加順利地開展，並且使你愉快地工作。

對每個同事都表示尊重。只有對別人表示尊重，他才會對你尊重。

不要急於表現自己，不要話說得太多或太過自大。注意一些交流的禁忌，不要使你陷入交流誤區。

在職場中的人們有時候感到很累，自己不喜歡的應酬太多，或者不得不跟那些自己不大喜歡的人一起工作。的確，你可能沒有更好的選擇。但是，職場也未必像你所想的那樣只是讓人悲觀，關鍵是要看如何看待。要想順利開展工作，要掌握以下與同事交流的技巧。

1. 端正你的態度

除了親人之外，職場中人最經常見到的人就是同事了。一般而言，同事和你的關係僅限於工作上的合作。但是，如果你願意，你可以從同事那裡學到很多有用的東西，就好像你從朋友身上學到的一樣。

不論你對你的同事多麼喜歡或者討厭，在跟他們交談的時候，首先要尊重和體諒對方。每個人都有自己的優點和缺點，他們會給我們提供更多工作上的經驗和知識。但是如果在你們之間產生了一道鴻溝，你就失去了更多提高的機會。

2. 少說話多傾聽

不要在辦公室裡唧唧喳喳地說個不停，這不是表現你演講才華的地方。許多人急於想要別人瞭解自己，話說得太多了。你應該把你的主要精力花在觀察和學習上，而不是表現自己。向你的同事請教工作上的問題，使你自己得到提高，否則，你就將落後於他人。

仔細地傾聽同事所說的話，不要認為對方說的話不重要或者沒有水準就心不在焉，盡量發現對方說話中的積極因素。任何人都有可能成為你以後合作的夥伴、好朋友，甚至是頂頭上司。

3. 多讚美同事

不論同事穿了一件漂亮的襯衫，還是工作做得出色，你都可以讚美他。不要吝於讚美你的同事，這是最直接、最有效的使他對你產生好感的方式之一。當然，你不能毫無原則地讚美他，否則會給人一種不真誠的印象。

4. 適當地運用幽默

為了活躍工作氣氛，辦公室裡可能需要一些歡聲笑語。一兩句幽默話可能會起到這樣的功效，也足夠展示你的才華和個性。但是必須注意掌握開玩笑的分寸。注意開玩笑的場合。在專心工作的時間內，最好不要突然來一句幽默。這樣不但破壞紀律，而且會影響工作。

開玩笑要適度。不要把玩笑開得過火，不然勢必給你和同事帶來不利的影響。分清對象。對不同的同事，應該有不同的對待。

不要把開黃腔當作幽默。成年男人經常喜歡講一些黃色笑話，在同性中尚且可以原諒，但是如果有異性在場，那麼黃腔一般是不應該開的。

5. 巧妙地拒絕

同事之間難免有工作或者生活上的事情需要相互幫忙，但是有時候不得不拒絕他的請求，這是讓人惱火的地方。

拒絕同事必須以維持你們之間的關係為前提。當你的同事打算請你辦一件事情的時候，告訴他你還有一些重要的事情要做，如果把這些事情做完了，可以幫他做這件事情。擺出你拒絕的原因，對方一定會理解你。

6. 和同事交流的忌諱

不要刺探別人的隱私。人人都以瞭解別人的隱私為樂，但卻不希望別人瞭解自己的隱私。因此，為了不至於引起別人的反感和警惕，千萬不要打聽別人的隱私。

不要在同事面前說上司的壞話，不要隨便交心。你的有些似乎是開玩笑而說出來的話，被你的同事聽到後，一部分人可能會把這個當作他的墊腳石，你不能不防這一點。

不要命令別人，不論在經驗、學識還是地位方面。如果你需要得到別人的幫助，只有使用別的方法。

不要過於張揚，不要在同事面前顯得自己有多麼與眾不同。實際上，每個人都會認為自己與眾不同，因此，保持低調、謙虛的態度，會使你得到同事的喜歡。

要避免爭執，相互包容，尋求與異性溝通的秘訣

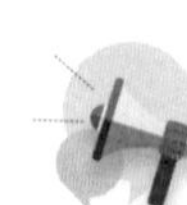

掌握基本技巧，輕鬆贏得異性的喜愛

尊重性別差異，在和異性的交往中要時刻記住這一點。
不要吝惜讚美對方，這是你獲得異性好感最直接的方式。
保持一定的神秘感，不要把自己的想法和特點全部表露出來。

有一個小夥子固執地愛上了一位漂亮的姑娘，但姑娘始終拒絕正眼瞧他，因為他是個看起來古怪可笑的駝背。

一天，小夥子找到姑娘，鼓足勇氣問：「你相信姻緣天註定嗎？」姑娘眼睛盯著天花板答道：「相信。」然後反問道，「你相信嗎？」他回答：「我聽說，每個男孩出生之前，上帝便會告訴他，將來要娶的是哪一個女孩。我出生的時候，上帝就告訴我，我的新娘是個駝子。我於是向上帝苦苦懇求：『上帝啊，一個駝背的女子將是個悲劇，求你把駝背賜給我，將美貌留給我的新娘！』」聽完他的話，姑娘的心頭一顫，第一次盯小夥子的眼睛。她把手伸向他，之後成了他最摯愛的妻子。

上面的故事說明了語言的神奇魔力，幾句話感動了一顆心！語言的力量多麼偉大！在我們這個時代，人們眼中有才華的人，往往首先是一個善於表達的人。而如果你只是在同性面前善於表達，那麼你贏得了同性的喜愛，那還只是成功了二分之一，因此，你必須想辦法贏得異性的喜愛。

在異性面前，每個人都希望自己能夠像平時一樣伶牙俐齒、妙語連珠。但是也許正因為這種表現的慾望過於強烈，每個人都或多或少地存在與異性交談的緊張感。其實，只要掌握一些基本的技巧，成功地與異性交談，贏得異性的喜愛，也會變得非常簡單。

1. 有禮貌有風度

任何社交場合都需要一定的禮儀，與異性交往尤其如此。眾所周知的是，男性和女性的性格一般是各不相同的，男性偏向於坦誠、直率，而女性則委婉、含蓄。在此基礎上，禮貌主要表現在尊重各自的差異，並形成了異性交往的前提。

俄羅斯有一句諺語：男人靠眼睛來愛，女人靠耳朵來愛。這句話對我們的啟示是，男人往往更加重視視覺效應，而女性則對動聽的語言更加注意。當我們在與男性交談時，任何一個不雅的舉動可能都被他收入眼底，而在與女性的交談中，我們的任何一句不悅的詞句，都會被她裝進耳朵。

另外，性別對於接受是有影響的。同樣的一句話，對不同性別的人來講，可能意味著不同的意思。一般來說，男性較能承受比較直率、乾脆、粗放的話語，但是女性則更加喜歡委婉、輕柔、細膩的話語。因此，考慮到對方跟你的關係，你就不能把一些和男性說的話語，同樣地訴說給女性，這樣會冒犯對方。

比如，對於陌生的或者不太熟悉的女性，不應該問及她的年齡，也不應該貿然地問對方的家庭情況，這都會被認為很冒失、沒有禮貌。同樣的問題，如果問及男性，這樣的不利因素就不會產生。對男性，說的話可以粗放、豪爽一些，甚至帶一點罵辭也無關緊要，當然是在非正式場合，但對女性卻不能說同樣的話。特別是開玩笑，更應該注意程度和適應對象。

2. 找共同語言

男性交談的時候話題往往是較公開性的，比如社會、時事、政治等話題，而女性交談的話題往往是較私人性的，比如服裝、孩子、家庭等因素。注意到這個區別，對我們尋找合適的話題有很大的幫助。

有這樣一對情人：男孩一直在喋喋不休地談論公司的事，然後又興致勃勃地談論起一些國家大事。而女孩卻在旁邊心不在焉，但是因為不忍心打斷男孩的談話，卻不得不一直裝作對他所談論的東西很感興趣。這樣，本來是十分親密關係的情人，卻因為話不投機而顯出了一副冷冰冰的情景。

這就是由異性話題關注性的差異而導致的。男孩並不知道女性對什麼東西感興趣，所以找個話題來講，並且認為既然女孩並沒有表現出不耐煩，就代表她對這個話題感興趣。其實只要稍加注意，就可以發現問題的所在。

男性和女性的談話是有明顯差別的。一般而言，在男性面前，大多數女性並不會主動引導話題，不會滔滔不絕，她更加願意做一個傾聽者和跟從者。表現在談話中，她的話會顯得比較含蓄。這時候，談話的主動權一般都掌握在男性手中，而一場談話的成功與否，主要是由男性控制的。

3. 讚美異性

任何人都喜歡被稱讚。由於人們都希望贏得異性的好感，那麼異性的稱讚對他們來說就更加重要。所以說，讚美是贏得異性好感最好的方法。

如果一個男人採取了某種行動，得到了對方的贊同，他就得到了自己希望得到的最高讚賞。比如，如果女性對他提議的電影評論說：「這真是一部十分有趣的電影。」這等於在說：「你真是一個有趣的人。」這種自我肯定的引申意義，確實是不可思議的。

相對而言，女人則更加喜歡得到直接的讚美。當一個女人被稱讚「你今天真漂亮」的時候，這會讓她——如果她開始心情不那麼好的話——變得高興起來。需要注意的是，如果說男人更加喜歡聽到「今天晚上我很愉快」之類的話，那麼女人則喜歡聽到「你今天晚上真迷人」。

4. 保持神秘感

在心理學上，保持神秘感是一個人擁有持久魅力的不二法門。很多人抱怨他們結婚之後，愛情就走向了滅亡，在一定程度上就是因為喪失了神秘感。這種抱怨不能不說有一定的道理。

與此相反的觀點是，人與人交往應該真誠、直率，說話應該直截了當。但是我們可以說明，在與異性交往的時候卻並不如此。

我們的確需要向對方敞開心扉，但這卻是在一定程度上的「敞開」。可以這麼形容這一種程度，即能夠讓對方發現你有一定的吸引力，但卻並不完全坦白。實際上，正是因為男女之間具有更多的不同，才讓異性交往顯得神秘，並且具有十分強大的吸引力。而如果你一開始就表明了你的全部，那麼也就在一定程度上喪失了這種吸引力。

5. 要忽略性別差異

如果你跟對方的交談是一種以社會交往為目的異性交談，那麼，你最好在一定程度上忽視對方的性別特徵，這樣才能做到自然、和諧地交談，才能消除緊張心理。也只有這樣，在客觀上能夠幫助你贏得異性的好感。這一點很好理解：正因為這種差異的存在，你才會想你在交談的過程中應該取悅於他，才會鄭重其事。當然，忽視性別差異並不意味著你可以不拘小節，因為所有談話都是需要尊重禮儀的。

這種情況大多是一個人出現在許多異性中間的時候。這時候你們的話題可以是那些適合這些大多數人的。如果他們大多是男性，自然不能尋找那些家庭或者孩子等比較私人的話題，以此來勾起那位女性的興趣。作為一個女性，如果你處在這樣的環境之中，最好也傾聽他們的談話，並且如果可能的話，表現出極大的興趣，這樣你才能夠取得社交的成功。

甜言蜜語是取悅女人最廉價實用的方式

甜言蜜語對整個愛情的加固都起著重要作用。
女性需要承認的慾望最強烈。
對女性來講，語言比行動更為重要。

男女相處的時候，有時甜言蜜語非常受用，尤其是愛侶已到了接近談婚論嫁的階段，不妨大膽些，在言語間多放點「蜜」。沐浴在愛河中的人，是不用客套的字眼的。任何海誓山盟，「愛你愛到入骨」的話也可以說，不必怕肉麻，除非你並不愛他。與他久別重逢時你可以講：

「好像在做夢，多麼希望永遠不要清醒。」你以充滿愛意的眼神望著他，「總是惦念著你！別的事我一概不想……我的感覺，好像一直跟你在一起。」

這是「無法忘懷、時時憶起」的心境，只要談過戀愛的男女，一定有此體驗。除了他以外，任何事都不放在眼中，總是想念著他。上面那句話不用怕羞，可以反覆使用。相愛之初，熱烈的甜言蜜語絕對不會使人感到厭煩，也許還認為不夠呢！

「你喜歡我嗎？」你不妨大膽地問他。

「說說看，喜歡到什麼程度？」或用這樣的語氣追問。「請你發誓，永遠愛我！」甚至你可以單刀直入地這樣對他撒嬌說。

「世界是為我們而存在，對不對？」

「你愛我，我可以拋棄一切！」

「你不會背叛我吧？如果你拋棄我，我就去尋死！」

不要以為甜言蜜語說出來就是為了一時的氣氛，僅僅是為了逗對方開心。甜言蜜語對整個愛情的加固都起著重大作用，它是愛情運轉的潤滑劑。

「如果你愛我，以什麼為證呢？」這是女人經常掛在嘴邊的話。女性就是希望在有形的、眼睛和耳朵都能感覺到的形式上，確認「自己對他是不可缺少的人」。

例如，戀人之間在見面的時候，男方沒有抱抱她的肩或握握她的手，她就要懷疑他是否愛她，甚至因此而解除婚約的女性也大有人在。妻子新做的一個髮型，或穿上了一件新衣服時，做丈夫的假如不發一言，她會認為你無動於衷，這樣她就會感到不滿。

女性要求承認的慾望很強，戀愛中的更不用說了，就是在結婚後，女人也愛問：「親愛的，你愛我嗎？」她時常要求確認「愛」，而對此感到退卻的大多是丈夫。在男人看來，不管如何愛她，「我愛你」這三個字只要講過，就不想說第二次。男人總是這樣認為，我是否愛你，可以在實際行動中表現出來。

可是，對女性來講，語言比行動更為重要。假如男人不在她們耳邊重複著說「我愛你」，她們就認為不能與對方溝通。處於幸福、甜蜜狀態的女性，都是根據丈夫的「愛語」或反覆的動作得到安心和瞭解的。

因此，滿足這種心理是男性的任務，「我愛你」「我喜歡你」這些話對女性是非常重要的，她們認為這樣是女性顯示內在價值和魅力的標誌所在。

當她們想要得到承認的慾望被滿足後，她們就會心安理得地，安安分分地去做一個好妻子，愛情、婚姻、家庭就會變得更加和睦。男人如果懂得這一點，那將是非常有意義的。

通常，男子都愛花言巧語，何不把美麗的話語多用在妻子身上呢？

「你這身打扮，真是漂亮極了，讓我好好看一看。」

「你總是那麼迷人，來，跟我坐會兒。」

「別太累，待會兒我幫你做，咱們到河邊散散步，好嗎？」

「你這兩天太辛苦，我帶你出去吃一頓。」

「我們單位的同事都誇你賢慧能幹。」

「擁有你是我最大的福氣。」

「別生氣，一生氣你會變醜的，不信，去照照鏡子。」

「等我有錢了，好好帶你去外面走走，咱們兩人重新過一次蜜月。」

「你臉色不大好，身體哪不舒服嗎？」

「你早些休息，今天的事我來做。」

「還記得我原先寫給你的情書嗎？」

「我給你買了個你最喜歡的蛋糕。」

「你一生都會愛著我嗎？」

「你不要對我這麼凶，好嗎？我心裡很傷心。」

「這個家沒有你，簡直就難以想像。」

「我的老婆做的菜真好吃。」

「你真偉大，我怎麼想不到。」

「結婚紀念日，我們去照張合影吧！」

「爬高爬低的事我來做，你別上上下下的小心些。」

「『結婚的愛』我看了寫得真好，你看看吧。」

總之，做丈夫的要把你的愛通過甜言蜜語表現出來，讓她時刻體會到你深愛著

她，並時時創造一種美妙的生活環境取悅於她，那樣你們的感情會一天比一天深厚，妻子對你的愛也會一天比一天深，這對於你並不麻煩，同時她的愉快會傳染給你，成為兩個人的愉快；她的美麗心情成了你的財富，豐富你的情感生活。

適當的時候可以說些善意的謊言

有一種謊言，是善意的謊言，它包含著愛和更深遠的意義。在不涉及大局、無關緊要的家庭瑣事上，可以用善意的謊言。

夫妻之間發生一些矛盾，往往因一些小事而起，這些微不足道的小事之所以會影響夫妻關係，在很大程度上是因為交流太多、太直白。夫妻溝通時，坦白是必需的，但如果你什麼事情都實話實說，往往會傷害別人的自尊心或感情，只會給自己製造出一些不必要的麻煩，甚至會將夫妻關係搞僵。有時候不妨來點善意的幽默，對維護夫妻感情意義重大。

傑克和他的妻子感情出現了危機，兩人鬧著要離婚。本來親密無間的伴侶，怎麼突然之間要離婚呢？原來只是因為傑克不經意間說出了一句直來直去的真實話。

一天晚飯後，二人靠在沙發上欣賞正在熱播的情感劇，影片裡男女主角正愛得如火如荼，女主角深情地問對方：「你到底愛不愛我？」男主角隨即說道：「我當然愛你，因為你是我身體的一部分。」傑克聽了這句話後，自言自語道：「好！這是個精妙絕倫的回答，簡直堪稱經典。」傑克的妻子聽他這麼一說，將他仔細打量一番，便開始不停地質問傑克：「你是不是也把我當成你身體的一部分呢？」傑克被問煩了，只好敷衍回答說：「你當然是我身體的一部分了。」傑克以為這樣回答就可以交差了，誰料他的妻子聽完之後卻並不滿足，而是繼續質問他：「那麼，我到底是你身體的哪一部分？」妻子本來是想聽幾句甜言蜜語的，可是，傑克卻無奈地笑了笑，想盡量迴避這個問題，妻子步步逼近，再三追問，無奈之中只好將真實的答案脫口而出，他誠懇地對妻子說道：「你是我的盲腸！」妻子聽了他這句話，失望至極，氣呼呼地提出要和他解除婚姻關係。

一句不經意隨口而出的真實話，給傑克帶來了偌大的麻煩，這就是直言直語惹的禍。其實，當你面對妻子打破砂鍋問到底的時候，千萬別在情急之中，就將心中那個「正確的答案」脫口而出，因為這個「正確答案」可能會讓你吃足苦頭。

生活裡沒有絕對的真實，世間萬物本來就不是完美的。你又何必老老實實地把自己完全地暴露在別人面前呢？有些秘密該保留的就要讓它留在心中。

不管對於戀人信任到怎麼可靠的程度，有一些事情，如果沒有說的必要，在開口之前，最好還是考慮一下為好，這當然是為著彼此安靜的緣故。

在這一原則下，唯一告誡的是千萬不要把你過去的戀情告訴她！這容易在她的心中留下陰影。

你的目的是在說明舊戀人不好，根本就沒有說的必要。如果你在說舊戀人比她好，則她的心理反應是：「為什麼你又愛我？」同時，在這心理發展之下，你將會碰到許多的麻煩，日後你也不會安寧。

過去的戀情既然不應該告訴你的戀人，那麼，屬於過去戀情的痕跡，也不應該出現在戀人的眼前。

有些太癡情的男子，對於已經逝去的舊戀人念念不忘，往往保存著舊戀人的照片或別的東西作為紀念，這種行為是新戀人所不能接受的。

為了愛情而訂製的謊言，往往會收到很好的效果，這也是女性的魅力之一。尤其是戀愛中的男女之間，謊言的作用好像潤滑劑一樣。

有效的謊言有很多種：「上次跟你見面回去後，我又獨自在公園裡徘徊，雖然時間已經很晚了，可是我卻沒有一點兒倦意。我覺得那天的夜色，好美，好靜！」這種謊言，是屬於那種略帶神秘性的謊言。

「每次和你約會時，我總是在衣櫃裡翻半天，老覺得每件衣服都不好看，真覺得自己有點發神經了……」這種謊言，是一種俏皮、可愛的謊言，更深遠的意思，已經在無言中流露出來了，對方必定會為你所動。

有的女性很會為自己的男友著想，擔心對方的經濟能力不夠，因此，在約會的時候說：

「不知道怎麼回事，我對計程車有畏懼感。」或：「每次坐在高級餐廳或咖啡廳時，我總覺得渾身不自在，似乎那種地方太過於莊嚴，不適合我這個土包子。說起來，我還是喜歡坐在陽臺上欣賞夜色，吃自己煮的麵，這樣比較沒有拘束感。」若對方真的沒有很充裕的經濟能力時，聽到這些話，一定會為女方的溫存體貼而感動。

約會那天，她剛好跟公司的同事發生了一些不愉快的事情，心情非常不好。不過，在見到男朋友的時候，她馬上改變了態度，微笑著說：「我今天過得很愉快，你呢？」說也奇怪，當你這樣講了之後，原本非常懊惱、鬱悶的心情，會立刻一掃而空。這種謊言，不但令對方快樂，同時也暗示自己追求快樂，何樂而不為？

謊言還有避免爭吵、化解危機的功效。

一次，路易士與幾個朋友去巴黎旅遊，竟把當初答應妻子幫她在巴黎購物的事忘得乾乾淨淨。直到乘車返回家時，才猛地想起。不得已，他只好在本市的一家商場裡買了一套裙子。回家以後，他對妻子不敢如實相告，而以謊言哄之：

「這次去巴黎，為了買這身裙子，我幾乎跑遍了各大商場，才選中了它，也不知道你喜歡不喜歡，來，穿上試試看！」

妻子笑顏逐開，欣然試裝。試想，如果路易士如實相告，豈不大煞風景，甚至會引起一場小小的「內戰」。夫妻間理應真誠相待，來不得虛偽和欺騙，但如果每件事都得實言相告，每一句話都不得摻半點假，則不僅不能為家庭增添歡樂，反而還會使原本和睦溫馨的家庭出現裂痕。因而，在不涉及大局、無關緊要的家庭瑣事上，有時不妨以善意的謊言來調調味。

婚姻生活切忌無謂的喋喋不休

導致人們婚姻不美滿的很大一部分原因是女人的嘮叨不休。用聰明的辦法去達到你的目的，而不是喋喋不休。用理智來控制你的情緒，不要隨時爆發你的感情。

大文豪列夫・托爾斯泰是世界上最偉大的作家之一，他的《戰爭與和平》《安娜・卡列尼娜》是世界文學史上不朽的名著，他因此而擁有了耀眼的名望、財富和社會地位，但是，這些對人們來說最寶貴的東西，卻絲毫沒有使他的婚姻變得更加幸福。相反，可以說他的婚姻，是他這一輩子最大的悲劇。

托爾斯泰認為金錢是一種罪惡的東西。他想要放棄他作品的出版權，不再對他的作品徵收版稅。但是他的妻子是個過慣了奢侈生活的人，她這一輩子最重要的工作之一，就是為這個問題對托爾斯泰進行不斷地責罵和嘮叨。在地上撒潑打滾是她經常使用的伎倆，她甚至要脅托爾斯泰，如果他再阻止她得到這些錢，她將要服毒自殺。

由於再也不能忍受家庭和婚姻對他的折磨，托爾斯泰在他八十二歲的時候，十月的一天——那天正下著大雪——離家出走了。他寧願在寒冷的黑夜裡漫無目的地行走，忍饑受凍，也不願再見到那個可怕的女人。十一天後，人們發現他死在一個火車站的候車廳裡，那時候一個親人都不在旁邊。而他的遺言，卻是不許他的妻子出現在他身邊。

當托爾斯泰去世以後，他的妻子終於意識到她給這位偉大的人物所帶來的痛苦，只是一切都已經太晚了。她臨終的時候對她的兒女們說：「你們父親的去世，是我的過錯。」聽到這樣的話，他們的兒女能夠說些什麼呢？他們都知道這是事實，正是她的喋喋不休和沒完沒了的嘮叨，把托爾斯泰給害死了。

破壞愛情和婚姻的魔鬼，就是嘮叨不休。它像眼鏡蛇吐出的可怕的毒液一樣，總是具有永久的破壞性，輕而易舉地讓一個美好的家庭走向破裂。當然，偶爾的吵嘴沒有這麼大的功效，它也是不可避免要發生的事情。一般的人都知道怎麼去彌補吵嘴所帶來的微小的創傷，而不至於使它過大。嘮叨不休的人卻並不如此，他永遠這麼做，其結果就是造成的破壞無法彌補。

林肯最大的悲劇不在於他被暗殺，而是他的婚姻。我們不知道當他被槍擊之後，他是否感到痛苦了，但是我們的確知道，在此之前的二十三年中，每個黑夜和白天，他都不得不遭受著婚姻的折磨。在他去世後，當他的兒子小泰德被告知自己的父親已經進入天堂之後，他動情地說：「我父親在人間的日子一點都不快樂，值得慶幸的是，他現在已經得到了解脫。」

林肯當年的同事賀恩律師曾經說：「林肯的不幸，是婚姻造成的。」的確如此。林肯夫人生性苛刻，對林肯尤其如此。她在婚姻生活的大部分時間裡，都在尋找和指責這位偉大人物的缺點。她總是以指出林肯的長相醜陋為樂，說他的大耳朵垂直地長在腦袋上，鼻子太短，而嘴唇又太突出，四肢太大頭卻太小。不僅如此，她指責林肯走路總是佝僂著身子，肩膀一上一下的十分愚蠢；她一邊抱怨林肯走路沒有彈性，還一邊模仿他走路的樣子。

比佛瑞茲是研究林肯的專家，他在自己的回憶錄中寫道：「林肯夫人的嗓音十分尖銳，一叫起來，連對面街都能聽到。她斥罵的聲音，能夠讓鄰居聽得一清二楚。不僅如此，她的發怒並不僅僅限於語言，還包括行動等其他方式。」換作任何一個人，與這樣的夫人生活在一起，其婚姻生活都不會幸福。

在林肯夫婦剛結婚後不久，他們租賃了歐倫夫人的房屋。一天早上，大家坐在一起吃早餐，因為說了一句無關緊要的話，林肯激怒了他的夫人。她立即跳起來，當著許多人的面，把一杯熱咖啡潑到了林肯的臉上。

林肯尷尬地坐在椅子上，一聲不吭地忍受著。最後，歐倫夫人拿來了毛巾給他擦臉和衣服，而林肯夫人卻依舊在嘮叨不休。

當意識到這種婚姻像惡魔一樣折磨著那位偉大總統的時候，他發現這樣的嘮叨和謾罵，簡直比政敵的譭謗更加讓人難以忍受。當林肯作為一個律師經常到外地辦理案件的時候，每個星期六，其他律師都回家去和家人共度週末的時候，林肯卻從不回去。他像一個沒有家庭的流浪漢一樣，寧願忍受鄉下旅館惡劣的條件，也不願意回到地獄般的家裡。

日本針對婚姻生活不美滿的原因進行了調查，結果發現丈夫對妻子不滿的因素中，位居前三位的依次是：嘮叨不休（27%），性格不好（23%），不懂得持家（14%）。也就是說，導致人們婚姻不美滿的很大一部分原因，是因為女士的嘮叨不休。有一位女士，她不但性格溫柔、善於持家，而且對丈夫也十分關心，但是就在不久前，她的丈夫卻憤然離家出走了，其原因就是因為他忍受不了妻子事無鉅細的嘮叨，這個事例也正好說明了日本調查的正確性。

這並不只是社會學家的發現，甚至在一些法律中，也把嘮叨當成了一種可以減輕犯罪人刑罰的參考依據。比如，瑞典法律就明文規定：如果受害人是一個愛嘮叨的人，那麼原告可以判為過失殺人罪。而在喬治亞州的最高法院所判的案件中，一位丈夫如果是為了躲避妻子的嘮叨，而把自己反鎖在房子裡，則是無罪的。他們認為，即便是住在閣樓的某個角落裡，也比住在大廳裡卻要忍受女人的嘮叨要來得舒服。

有不少的事例說明了嘮叨不休對婚姻的破壞。在《電信世界》中曾經有一篇文章，報導了這樣一件看起來很離奇的事情：一個已經五十歲的維修員一連雇用了三名殺手，最後終於殺死了他的妻子，其原因竟然只是他忍受不了妻子的嘮叨。據這位丈夫說，他的妻子總是能夠圍繞著一件不起眼的小事說上三天三夜，這都快要把他逼瘋了——事實上，從他做出的這件事情看來，他確實已經瘋了。

一名三十二歲的坦桑尼亞男子曾經用一瓶驅蟲劑，過早地結束了他的生命。人們在他的屍體旁發現了一個藥瓶和一封信，他在那封信裡寫道：「我決定立即結束我的生命，因為我的妻子總是喋喋不休。」

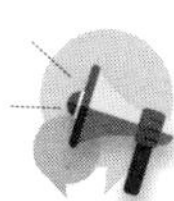

換一種方式表達，讓對方更易接受

友善的力量永遠都比強迫更加強大。

換一種方式表達你的意見，
讓對方聽起來更加容易接受。
不要為無謂的小事而大動肝火，
不要在小事上爭輸贏。

雖然我們在傳統的基督教婚禮儀式上可以聽到這樣的話：「從此以後，不論更好或更壞、貧窮或富有、疾病或健康，都會彼此相愛，一直到死亡的那一天。」但是這種恒久的誓言聽上去讓人不可信。我們更加相信自己的眼睛和耳朵，它們讓我們知道，即使在我寫下這些文字的這一秒鐘，無數的家庭正在爭吵，無數的男女都在傷心。如果我們把視野放得更加寬廣一些的話，可以把我們的觀察結果變成一句話，有人的地方就有矛盾和衝突，家庭自然也不例外。

雖然這個結果可能聽起來有些沮喪，但卻大可不必如此。如果能夠和和氣氣、相親相愛當然更好，但是即使有一些衝突，也會使我們的婚姻生活變得更加有意思。這些衝突也是由不同的意見、不同的觀察角度，甚至不同的解決辦法所引起的，而兩個擁有親密關係的夫妻，也自然會存在這方面的問題。

比如，你覺得你的妻子不化妝的話，看上去可能會更加舒服，你想要讓她接受你的觀點；但是不幸的是，她堅持認為自己化妝後更加動人，甚至認為不化妝就感覺不自信，結果兩個人爭論不休。當這樣的家庭衝突產生的時候，我們總是想辦法去處理。同時，我們總是希望兩個人都對這個處理結果滿意。從這一點來看，上面關於化妝這個問題，一開始的解決辦法是不恰當的。

我的意思是，你不能用強迫的語言去說服對方或者命令他做任何事情，就像我前面所提到的那樣，因為這樣做的結果只會對你們不利。

有這樣一個古老的故事：風因為想證明比太陽強大，於是對太陽說：「我比你強大多了，這一點我可以輕易地證明給你看。我能很快地脫去那個人的衣服。」風讓太陽躲起來，自己開始施展威力，但是，當風刮得越大，那人卻把自己的衣服裹得更緊。

最後，風不得不放棄了它的努力。太陽從烏雲後面出來，曬在人身上暖洋洋的，那人開始出汗了，於是把外套脫了下來。

太陽對風說：「友善的力量，永遠都比強迫更加強大。」

確實，強迫經常不能達到自己的目的。有一句古話：你無法用一把槍，去套住一個男人。當然，這樣說可能有些片面，因為你也無法用一把槍去套住一個女人。它的意思是，你不能強迫你的妻子或丈夫去做什麼事情。如果你不在乎什麼影響，比如給你們的家庭生活帶來裂痕，那麼我無話可說。

這樣的道理不一定要心理學家或婚姻專家才能得出來。那些過著幸福生活的人們，都懂得這樣的道理。他們從不對自己的妻子或丈夫使用強迫性的語言。他們從不說「你應該怎麼做」，或者「你不應該這麼想」，而用更加巧妙的方式表達自己的觀點。

強迫性的語言似乎無時無刻不在上演。大多數的人都對他的顧客小心翼翼，生怕說錯一個字，但是當他面對妻子的時候，卻大吼大叫，好像一個暴君一樣。他們總是慣於指使自己親密的愛人怎麼去做事、怎麼去說話。無怪乎迪克斯說：「那些說傷人的話最多的，就是我們的家人，這的確讓人吃驚。」奧利弗・哈姆斯在他的《早餐的獨裁者》一書中，描述的就是這樣一種情境。但是哈姆斯本人卻並不這樣，他從不讓妻子看自己的臉色，即便心情不好，他也能夠不遷怒於人。

桃樂斯・迪克斯曾經評論說，有半數以上的婚姻都是失敗的。依她看來，婚姻失敗的原因很大一部分，都與強迫性的語言有關。她提出疑問說：

「讓太太們感到疑惑不解的是，既然他們完全可以採用溫和的手段去取代強迫，為什麼他們不能夠更加溫婉地對待太太們呢？

男人明明都知道，奉承可以使太太不顧一切地去做任何事情。他知道，只要稱讚太太管家有方，她就會把自己的最後一分錢都貼補家用；他知道，只要讚美太太穿上去年買的過時的衣服非常漂亮，她就不會去想巴黎的高級時裝；他知道，他的親吻，能夠讓太太寧願自己的眼睛變瞎、喉嚨變啞。這一切方法，太太已經毫無保留地告訴他了，可是他為什麼好像一點都不知道呢？」

身為男人，我可以肯定地告訴妻子們，這些方法同樣適應於我們。因此，為了維護家庭的幸福，所有人都應該放棄使用強迫性的語言。

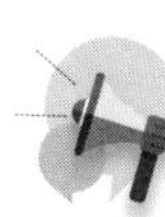

用鼓勵的方法代替指責和批評

批評和指責只會使你的妻子或丈夫生氣，而不會使他（她）聽從你的意見。不要用傲慢的語氣去指揮他（她）應該怎麼做。當你的伴侶失意的時候，需要的不是你的指責和批評，而是你的鼓勵。

在美國有一位著名的女士，被別人戲稱為「打岔專家」。在一次宴會上，她的丈夫十分興奮地跟朋友們談起了某一位將軍的事蹟，他正說得興起，沒想到這位女士進來插話說：「先生，不要再說了，如果你能有他一半的才能，我也就心滿意足了。」她就是這樣在大庭廣眾之下給她的丈夫潑冷水，批評她的丈夫。這當然讓人受不了。最後，她的丈夫不得不跟她離婚了。

俄國女皇凱瑟林統治著世界上最大的帝國，毫無疑問，她有著至高無上的權力。事實上，她是一個殘忍的女人，曾經發動過許多次毫無意義的戰爭，殺害過許多仇敵。但是她的婚姻生活卻很幸福，因為她在家裡一直都是十分溫和。她從不疾言令色地對她的家人進行批評和指責，如果她的家人犯了什麼錯誤，她也會什麼都不說，微笑著好像什麼也沒有發生一樣。

當珍妮・維茜嫁給傑姆斯・克力爾的時候，許多人嘲笑這是一樁極不協調的婚姻，甚至有人說，這簡直就是「鮮花插在牛糞上」。維茜是一個非常漂亮並且擁有大量遺產的女孩，而她的丈夫卻是一個不名一文的傢伙，並且看不出有什麼前途，所有人都知道他粗魯、愚蠢而沒有教養。

維茜不顧一切地愛上了克力爾，她認為她的丈夫是當代少見的天才詩人。她幾乎放棄了自己以前的全部生活，陪她的丈夫住到了鄉下，一心一意地在生活上照顧克力爾。她成為了一個完全稱職的家庭主婦，洗衣做飯，悉心照顧丈夫的胃病，驅散他心中的抑鬱。她堅信自己的丈夫能夠成功，而且總是鼓勵他去做自己想做的事情。

「我從不去指責和批評他什麼，」維茜在她的一封信中說，「包括他的粗魯和沒教養。正好相反，我認為這都是他的個性，而我愛的是他的全部。為什麼一定要把每個人都變成一個模型呢？我總是在幫助他，這一點他一直很感激我。」

結果如何呢？克力爾最後成為了愛丁堡大學的校長，他的《法國大革命》《克萊沃爾的一生》成為了名著，而他們在頓查爾的住所，成為了有名的文化聚會的場所。

傑克找了一份推銷的工作，由於是新手，他的業績不是很好。每次當他回家的時候，他的妻子總是對他說：「我的天才推銷家，今天是不是又成交了好多筆買賣？但是，我怎麼沒有看到你帶回家的佣金呢？看你的臉，不會是又被經理臭罵了一頓吧？」這種愚蠢的嘲笑持續了很多年，不過，傑克一直沒有放棄當初的那份工作。如今，他已經是一家全國有名的公司的經理了。他和他的妻子離婚了，現在的妻子很年輕，經常鼓勵他，給他支持。而他的前任妻子卻好像很無辜一樣，她對人說：「他怎麼能這麼對待我呢？他窮苦的時候是我陪伴他的，但是現在卻離開了我，去找一個更加漂亮和年輕的女人。」這有什麼不可以理解的呢？

你為什麼不能容忍你的丈夫有一些缺點，而經常對其進行指責和批評呢？當他犯了一個錯誤的時候，不管他是有意還是無意的，你為什麼都要批評他呢？你應該做的是，慷慨地原諒他。當你告訴你的丈夫，說他在某件事情上的做法真是愚蠢透頂，在這方面一點天分也沒有，那麼就已經扼殺了他改變的動力和希望。批評和指責解決不了問題，只會使事情變得更加糟糕。社會學家一再告誡我們，批評和指責只會使家庭不和諧，使婚姻破滅。

如果我們換一種方式，即對他進行鼓勵，那麼事情就變得好多了。作為家人，你應該相信他有能力去做好這件事情，這樣他才會調動全部的積極性，投入到這件事情中去。

桃樂斯，她的丈夫是羅伯·杜培雷，他一直想做一個保險行業的推銷員。當他在一九四七年開始真正從事這一職業的時候，卻一次也沒有成功過。一天，他決定放棄這個工作了。

「我徹底完了，」他對妻子說，「也許我根本就不適合做這個工作，也許一開始這個選擇就是錯誤的。」

也許一般的人會用批評來使羅伯改變主意，但是桃樂斯知道這是一種愚蠢的做法。她堅定地告訴羅伯，這只是暫時的失敗而已。她鼓勵他說：「不用擔心，羅伯，我相信你一定會取得成功的。」接著，桃樂斯指出羅伯的一些連他自己都不知道的才華，說正是這些才華能夠確保他的成功。

後來羅伯找到了另外一份推銷的工作，可是他仍舊一次一次地失敗。如果不是桃樂斯的鼓勵和支持，他早就放棄了再試一次的想法了。桃樂斯不斷地鼓勵他說：「再試一次，也許你就成功了。你要知道，你有這種能力。」

「我覺得我不能違背她的信任，」羅伯在一封信裡說道，「她成功地在我身上建立了她的自信，而我正是依靠這種自信建立自己的自信的，這就是我前進的動力。」

我們相信羅伯終有一天會取得成功，因為對於很多目的，只要自己想要達到，最終就會達到。像這種當家人面對失敗而灰心喪氣的例子不勝枚舉，這時候只有鼓勵對他有作用，而批評和指責，則只會導致非常糟糕的結果。

法國著名的科幻小說家儒勒・凡爾納在未成名的時候，像在這個階段的大多數人一樣，投出的稿子無一例外地被退回。他氣得打算把所有的稿件都一把火燒光，所幸被他的妻子奪了過去。妻子對他說：「親愛的，你寫得棒極了！我相信你一定會成功的，再試一次吧！」他再試了一次，結果果然被採納了，並且這部書稿的出版使他一舉成名。

如果你想改變你的丈夫或者妻子的一個缺點，你也應該用鼓勵的辦法。我們很多可愛的女士都花時間打扮自己，讓人看起來非常喜歡。但是約翰的妻子卻是一個例外。她似乎沒有打扮的習慣，只是有時候心血來潮了才偶爾打扮一下自己。我並不是說不打扮就一定不好，但是對約翰的妻子而言卻正是這樣。她不打扮的原因，只是因為她有一個很漂亮的姐姐。每當人家勸她打扮的時候，她經常回敬道：「不用你管，我再怎麼打扮也不如我姐姐漂亮。」

她認為自己不適合打扮，並不是她不愛打扮，而是自卑的心理在作怪。約翰深知這一點。他並不像其他人一樣，直接指出她不愛打扮的毛病。而是當妻子不打扮的時候，他一聲不吭。當她偶爾打扮了一次，就用真誠的讚美去打動她：「你真漂亮！」慢慢地，妻子對自己的容貌產生了自信，也經常打扮起來。

不要批評和指責你的丈夫或妻子，改用鼓勵的方法，也許對方會更加樂意改變自己。

巧用溫馨語言舒緩家庭氣氛

創造一個溫馨、平和的家庭氣氛，並且努力維持它。快樂比一切都重要。

當氣氛變得糟糕的時候，想辦法使它好起來。

在公園裡，兩個小孩子正在一起玩耍。突然，其中一個小孩因為對方沒有給他機會坐鞦韆，於是大叫了起來：「我討厭你！我再也不跟你玩了！」他一邊說一邊就跑開了。但是過了一會兒，他們又湊在一起玩起堆沙丘的遊戲來了，好像什麼事情都沒有發生過一樣。

孩子們是怎麼做到這一點的呢？之前他們看起來還好像死敵，為什麼轉眼之間就變得這麼親密呢？道理其實很簡單：他們認為快樂比一切都重要。

在追求快樂和幸福的時候，小孩子好像比我們更加擅長。我們成人似乎更加願意用正確與否來作為參考，快樂和幸福已經退居其次。我們似乎忘記了我們建立家庭就是為了得到幸福，而不是分出誰對誰錯。幾乎每天，你和你的妻子或丈夫，都會為某一個重要或不甚重要的意見而爭論，都會因為一時的衝動說錯話，從而把辛辛苦苦營造的和諧氣氛破壞掉。我們遺憾地發現，再好的婚姻也會有摩擦，這似乎是不可避免的。

因此，當你在與妻子或丈夫討論問題的時候，隨時注意你們的談話氣氛。莎麗談起這個話題的時候深有感觸。像大多數妻子一樣，她每天都要對布魯克林說一些類似的話：

「你繫的這條領帶真是糟糕透了，我給你買的那條呢？」

「你今天又回來得很晚，是不是公司有什麼事？」

布魯克林對這些話的反應在不同的時候截然不同。當他心情很好的時候，他會非常高興地接受莎麗話裡的一些正確的東西，而並不在意她表現出的不滿。這種氣氛當然是最好的，隨便她說什麼話，布魯克林都不會生氣。

但是當他心情不好的時候，情況將會變得十分糟糕。他會對莎麗吼道：「我就是喜歡這條領帶。」或者強壓住內心的憤怒，一言不發地倒在床上。這時候，無論她說什麼，他的態度都會十分蠻橫無理，甚至避免談任何事情。

心理學家告訴我們，當我們處在氣憤的情緒中，我們不會注意到自己有什麼過錯，而把和解的途徑建立在對方的改變之上。我們不會再心平氣和地傾聽對方的談話，主動解決問題的動力會減少，這樣，即使讓兩個人待在一所房間裡都是很困難的，所有問題都得不到解決，甚至會越鬧越大。

古斯丁和瑪麗的婚姻可以給我們一定的啟示。瑪麗希望古斯丁能夠每天花點時間在家，可是她不知道該怎麼向古斯丁說明，因為他賺的錢比瑪麗多了許多倍。並且她也知道，他很愛這個家庭，他的工作確實很忙，幾乎抽不出什麼時間。

雖然瑪麗沒有把這個要求提出來，但卻希望古斯丁自己能夠意識到這一點，而古斯丁根本就沒有時間和精力來考慮這些事情。因此，他們的關係變得越來越糟糕。他們倆很難得看到對方的一張笑臉，甚至不能坐下來好好談談，因為只要一坐下來，氣氛就好像已經凝固起來。

他們之間冷漠的氣氛一直持續了五年，以他們的離婚而告終結。看起來不可思議，是嗎？他們完全能夠解決這個問題的，何至於搞得婚姻破滅？瑪麗可以建議把家庭開支收縮一下，這樣就可以免去古斯丁一些工作上的壓力，從而花更多的時間待在家裡，但是她卻沒有這麼做。

原因當然並不簡單，但氣氛是一個重要的因素。那樣的壓抑氣氛使兩個人都難以啟齒，也是這樣的氣氛使得兩個人都無法忍受，不得不使婚姻以失敗而告結束。

家庭氣氛確實不容小視。因此，盡量不要做那些讓氣氛變得糟糕的事情。當你發現氣氛不那麼融洽的時候，不妨先平靜下來。想一想對方應該有對的地方，或者換一種方法去說服她（他）。千萬不要讓對方認為你好像跟她（他）有不可調和的矛盾一樣，這樣會讓她（他）更加堅持自己的觀點，而不是退步。

做些什麼事情能使氣氛好起來？邁克非常善於處理這樣的問題。一次，他和妻子為究竟是買吉普車還是小型貨車而發生了分歧，他認為，買吉普車的話，週末渡假將會變得更加容易，但是妻子卻認為小型貨車更加實惠。正當他們好像要破壞一直以來的和諧幸福的氣氛的時候，他伸出了他的舌頭，模仿起他們才五歲的兒子的模樣；妻子看到這種情景，不禁啞然失笑。緊張的氣氛於是緩解了下來，接著，他心平氣和地跟妻子解釋吉普車更加適合他們，而妻子最終也同意了他的意見。

還有一個很好的辦法，那就是緊急叫停。當你發現事情已經朝著自己不可控制的方向發展的時候，應該及時停止你們的爭論。不要讓你們不愉快的談話繼續下去，它會像惡魔般傷害你們的感情。

如果你們的確已經把氣氛弄得很糟糕了，那麼想辦法對它進行挽救。你可以採用各種各樣的方式，關鍵是你打算這麼去做。

在所有家庭中，最常見的也是一個很愚蠢的做法是，大家執行冷戰政策。這時候，他們家庭的氣氛是尷尬的。表面上，他們似乎想讓時間來醫治創傷，其實，這只是他們懶惰和不負責任的表現。你不可能依靠時間或其他的任何方式來維持、修復和增進感情，除了主動做點什麼。

揭秘男女在溝通問題上的四大差異

男女期望目的不同，需要雙方溝通，能互相諒解。瞭解彼此之間的差異，彼此包容、互通。千萬別說傷害她的話，讓她多向你傾訴自己的苦悶。

哈佛大學曾做過一個「性別與溝通行為」的研究，他們在一個操場四週安裝了接收聲音的設備，讓數百名男女幼兒在操場上玩耍嬉戲。通過研究發現女童所發出來的聲音字字清晰，可辨率百分之百，聽得出她們多與別人談話甚至自言自語。男童則不同，只有百分之六十八的說話聽得出來發出的是什麼字，其他發出的都是一些單音無意義的音節，聲音模糊不清。

女性的大腦是言語表達型，而男人的大腦則是問題解決型。男人溝通重目標，女人重過程。當女人感覺不高興的時候，她們會選擇通過語言宣洩出來，然後才是平靜地思考；而男人則不同，當有情緒、感覺時，他們會採取行動，然後加以思考。男人在解決問題的過程中，最大的不同是男人沒有「說出來」這一環節。因為男人必須好好思考自己的感受才能表達出來，而女人則不同，她可以將感覺——說出來——思想這三者同步進行。對女人而言，溝通更有意義；而對男人而言，行動更有意義。

約翰・格雷所著的《男女大不同》(Men are From Mars, Women are From Venus)以男女分別來自火星和金星作比喻，說明了男女在行為上的不同，指出了兩性天生不能好好溝通的原因。為了讓男女和諧地相處，雙方都需要做「雙語」的人，都要說得一口流利的「異性語言」。

《男女大不同》上聲稱，女性愛聚在一起，聊個沒完沒了，她們說話總是繞著圈子，讓人猜她們的心思；而男性說話較直接，不拐彎抹角、拖泥帶水。因此說話模式的不同令兩性天生難以溝通。男女溝通中存在的差異主要有以下幾點：

1. 男女溝通的目的不同

女性期望通過溝通建立良好的關係，達到和諧境界；男性往往試圖通過溝通強調自己的地位、能力，滿足自尊，獲取認同。

2. 男女溝通中的價值觀基礎不同

女性更重視感情、交流、美和分享，她們的自我價值是通過感覺和相處的好壞來定義的，她們花大把的時間在相互體諒和互相撫慰上。當傾聽別人談話時，她們絕不會提供答案，她們只會耐心地傾聽別人的談話，她們能理解別人的感受，並表示同情，在她們看來，這就是是她們愛別人和尊重別人的直接體現。

而男人在溝通時更注重力量、能力、效率和成就，他們的自我價值是通過獲得成就來體現的。所以他們最不願意別人告訴他該如何做事，在他沒提出要求時，如果有人主動幫助他，在他看來是對他的不信任，也是一種很大的冒犯，男性對此非常敏感，也很忌諱。

3. 男女處理衝突的方式不同

女性在處理衝突時，強調化解衝突，希望得到理解和支持，她們使用表達情緒的語言溝通。因此女性一般很難嚴詞厲行地加劇衝突。衝突時，女性容易浮想聯篇，會將以前的種種不滿一起拿出來「算總帳」，認為這不是偶然事件，而是累加的結果，這讓她們感覺很受傷。

男性在處理衝突時，強調獨立和控制，他們的溝通語言是要表達尊嚴、地位、權利和獨立，他們在意的是否高人一籌，是否得到了尊重。大多數男人在衝突時直接表達意見。男人多就事論事，即便有過以前的種種不愉快，他們大多也不會認為是累加的結果，他們的情緒反應和女人截然不同。

4. 男女解決壓力的方式不同

男性在遇到壓力時會變得心事重重，沉默寡言。這種近似躲避的方式會讓女性很反感。

女性面對壓力、衝突時正好相反，心理有問題就統統地宣洩出來。在她們看來，和另一個人講出自己的問題，是對那人的信任，而不是負擔和責任。所以女人顯得嘮叨，這也是最讓男人頭疼的地方。

還要強調指出的是男性溝通的習慣是先講「結果」，他們習慣解決問題的模式是迅速抓出重點和問題的要害，迅速採取行動解決。而女性則習慣強調「過程」，凡事從頭說起，最後才歸納出事情的結果及原因。女人顯得更情感用事，而非理性。專家稱只有百分之十五的家庭裡，男女溝通的特色是倒轉過來的，亦即女的比較理性，男的較感性。

在這裡，給一發生矛盾就喜歡把陳年舊帳拿出來談的女性一個建議，下次再跟他訴苦時，不妨先提重點，然後再分享過程。這麼一來，可以幫助男人先抓住你要說的重點及問題，他就不會迷失在你高潮迭起、曲折離奇的動怒情緒中，因抓不到問題的重點而覺得有挫敗感，進而對你的叨叨不耐煩，最後就索性放棄解決問題，甩手走人。在溝通上男人需要你的讚美、鼓勵、信任，不要對他指手畫腳，試圖向他指出解決問題的辦法，是愚蠢的行為，他們不需要你的指點，對男人指點，會讓他們認為你對他的能力表示懷疑，這在他看來是莫大的侮辱，是他無論如何都接受不了的。

同時也建議身為新好男人的先生們，仔細傾聽女人們傾訴的「過程」、「細節」，女人注重細節，對她而言，這是一種情緒緩解過程，所以下次再聽到她嘮嘮叨叨地敘述自己的不快時，即使你再不耐煩，也請不要急著打斷她的話，不要說「不要鬧了」「就這樣吧」，這會讓女人受不了，也不要急著幫她找出解決問題的辦法。你要知道，當她叨叨不休時，正是她需要你的關心、安慰、寵愛的時候，這時候請千萬別說傷害她心靈的語言，而是要讓她多向你傾訴自己的苦悶、煩惱，甚至對你的不滿。要說包容的話，給她安慰，這對問題的解決並不多餘。

男女溝通交流，嚴格意義上說是一門學問，明白男女溝通之別，又能互相諒解，彼此取長補短，有助消除彼此間的誤會，增進和諧。

國家圖書館出版品預行編目資料

交涉的藝術：哈佛商學院必修的談判課／奕誠編著. -- 修訂一版. -- 新北市：菁品文化, 2018. 04

面；　公分. --（新知識；102）

ISBN 978-986-95645-9-5（平裝）

1. 商業談判　2. 談判策略

490.17　　107002542

新知識 102

交涉的藝術：哈佛商學院必修的談判課

編　　著　奕誠
發 行 人　李木連
執行企劃　林建成
封面設計　上承工作室
設計編排　菩薩蠻電腦科技有限公司
印　　刷　普林特斯資訊股份有限公司
出 版 者　菁品文化事業有限公司
地址／23556 新北市中和區中板路 7 之 5 號 5 樓
電話／02-22235029　傳真／02-22234544
E-mail：jingpinbook@yahoo.com.tw
郵政劃撥　19957041　戶名：菁品文化事業有限公司
總 經 銷　創智文化有限公司
地址／23674新北市土城區忠承路89號6樓（永寧科技園區）
電話／02-22683489　傳真／02-22696560
版　　次　2018年4月修訂一版
定　　價　新台幣300元　（缺頁或破損的書，請寄回更換）

I S B N　978-986-95645-9-5

本書 CVS 通路由美璟文化有限公司提供　02-27239968

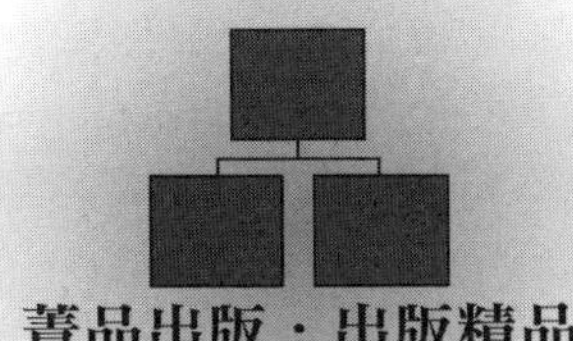
菁品出版·出版精品

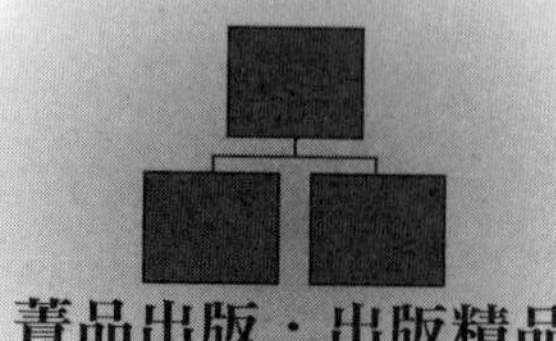
菁品出版・出版精品

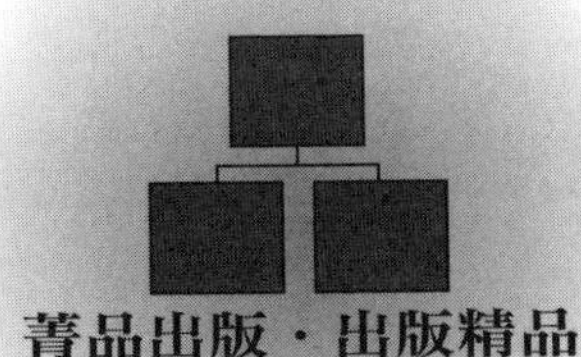
菁品出版・出版精品

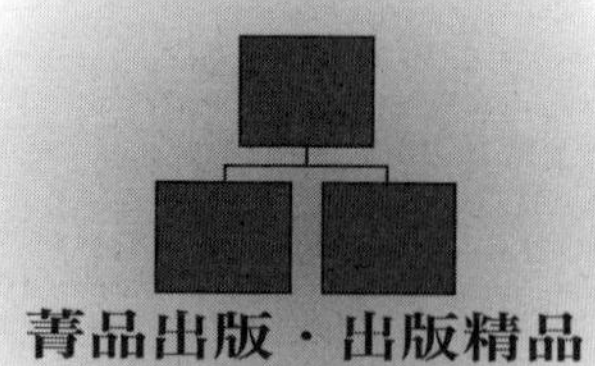
菁品出版・出版精品